すうがくの風景

野海 正俊・日比 孝之……[編]

群上の調和解析

河添 健………[著]

朝倉書店

編 集 者

野海正俊（のうみまさとし）　神戸大学大学院自然科学研究科
日比孝之（ひびたかゆき）　大阪大学大学院理学研究科

まえがき

　この本は群の表現論とそれを用いた群上の調和解析の入門書です．これだけでは全く説明になりませんね．皆さんの質問に答えましょう．

質問1　どのレベルの人の入門書なのですか？
　内容よりも先ずは読めるかですね．一応，微積分と線形代数の基礎知識を持っている人，すなわち，大学初年度の教科を終えた人を念頭においています．でも，できれば元気な高校生にも読んでもらいたいと思っています．偏微分の記号とか初めての言葉や概念が登場しますが，うまく読み飛ばせば高校生の諸君でもチャレンジできます．何故かと言うと，多くの計算は 2×2 行列

$$\begin{pmatrix} a & b \\ c & d \end{pmatrix}$$

の計算だからです．初めて行列を勉強したとき，計算はともかく何の役に立つの？とか，何か良いことがあるの？と思ったことでしょう．一つの答えがこの本の内容です．2×2 行列の世界だけで立派な理論が展開できるのです．パラパラと捲ってみてください．いっぱい 2×2 行列があるでしょう．

質問2　表現って何ですか？
　これは難しいですね．でも日常会話で使う表現と同じ意味です．芸術表現とは芸術家の思考（きっと難しい）を私たちが理解できる絵画や音楽などに表現することです．それでも難しいのですが，私たちは鑑賞することにより，作者に近づくことができます．数学での表現も同じで，何か難しい対象が与えられたと

き，それを易しい対象に移して考えることです．

難しい対象　→　易しい対象
表現する

です．この本では左辺の難しい対象として位相群，右辺の易しい対象としてユニタリー行列やユニタリー作用素を取ってきます．左辺の位相群はたとえば 2×2 行列からなる群を想像してください．もともと易しいじゃん，なんて言わないでください．奥が深いのです．

質問3　群上の調和解析って何なのですか？

　フーリエ級数とかフーリエ変換という言葉を聞いたことがあると思います．理工学における必須の理論で，その応用は数知れません．大きな本屋さんの理工系の書籍コーナーに行けば，微積分や線形代数と同じくらい"フーリエ"を見つけることができます．出版社のカタログも同様ですね．これは

関数を三角関数の和や積分で書くこと

で，フーリエが19世紀の初めに主張した理論です．フーリエ解析とか（古典）調和解析とも呼ばれます．2π 周期のある関数を三角関数の和で書くのがフーリエ級数

$$f(x) = \sum_{n=-\infty}^{\infty} \hat{f}(n) e^{inx}$$

です．三角関数がないぞ！と言わないでください．オイラーの公式：

$$e^{i\theta} = \cos\theta + i\sin\theta$$

に注意すれば，右辺は sin, cos で書くことができます．また，周期性の無い一般の関数を三角関数の積分で書くのがフーリエ積分

$$f(x) = \frac{1}{\sqrt{2\pi}} \int_{-\infty}^{\infty} \hat{f}(\lambda) e^{i\lambda x} d\lambda$$

です．このように関数を三角関数に分解することは，いろいろな量の変化 − 信号 − を三角関数に分解することであり，多くの応用が可能となります．

上の二つの式は何となく形が似ていませんか？ 実際，多くの定理が平行して同じ形で成立します．何故でしょうか？ この答えを与えるのが，群上の調和解析なのです．周期のある関数をトーラス群 T 上の関数として，一般の関数を加法群 R 上の関数として考えることにより，共に位相群の上の関数として解釈できます．位相群の上の解析，この共通の枠組みが群上の調和解析なのです．と言うことは，各位相群に対してフーリエの理論が展開できることになりますね．実際，この本では

$$SU(2), \quad M(2), \quad SL(2,C), \quad SL(2,R), \quad H_1, \quad ax+b$$

などの 2×2 行列や 3×3 行列からなる各位相群に対してフーリエの理論を構成します．このとき，先に説明した表現を用いて変換を定義します．

質問 4　ウェーブレット変換もですか？

はい．$ax+b$ 群と呼ばれる位相群の上での調和解析の枠組みで解釈できます．連続型ウェーブレット変換は次のような形で関数を分解します．

$$f(x) = \frac{1}{c_\psi} \int_{-\infty}^{\infty} \int_{-\infty}^{\infty} \langle f, T(u,v)\psi \rangle_{L^2(R)} (T(u,v)\psi)(x) du dv$$

ここで

$$(T(u,v)\psi)(x) = e^{-u/2} \psi(e^{-u}x - v)$$

です．この理論は 1980 年代から注目を浴び，とくにフーリエ解析の欠点—不確定性原理による縛り—から逃れる理論として応用が期待され，近年盛んに研究が進められています．

質問 5　発展は？

無限大と言っておきましょう．2×2 行列の世界から，$n \times n$ 行列の世界へ，そしてさらには無限次元の群までを対象とする研究がなされています．フーリエ解析を群の上へ拡張することは，それ自身が研究テーマであると同時に，数学のいろいろな分野に応用されています．

何となくこの本のイメージがつかめてきたと思います．もう一つ注意して読んでもらいたいのは，いろいろな特殊関数が登場することです．

Legendre 多項式, Bessel 関数, Gauss の超幾何級数,

Jacobi 多項式, Laguerre 多項式, Gamma 関数, Hermite 関数

などです．これらは表現の行列要素，すなわち，ユニタリー作用素の成分として現れるのですが，とても不思議ですね．このようにして各種の特殊関数も群上の調和解析の枠組みでとらえることができます．

ちょっと専門的なコメントですが，この本の最大の特徴は，リー環の話をすべてカットしたことです．したがって関数の微分はできません．でも天下りに"無限回微分可能な関数"などと平気で使います．実は先の特殊関数の話も，リー環と微分作用素の話を加えれば，不思議ではなく，自然な成り行きなのです．どうして省いたのですか？　リー環の話を省いた理由は三つあります．

一つ目はページ数の制限です．リー群とリー環の話を書くとなると単純に倍になります．倍の 400 ページが許されれば書いたのですが・・・．二つ目は，このシリーズで他の方が触れられると思ったから．そして最後の理由は，入門書に徹することにしたからです．この本のように例を中心に表現論や群上の調和解析を解説した本はいくつかありますが，みな 400〜700 ページです．こうなるといくら内容が易しいからといても初心者にはきついでしょう．リー環の話が無いので，局所的な性質を用いた定理の説明は省略せざるを得ませんでしたが，反面，内容がスッキリしたと思います．

この本で興味を持たれた読者の方は，是非，参考文献にチャレンジしてください．

まえがき

この本の構成

　全部で5章から成っていますが，各章の内容は独立ですので，どこから読まれても問題はありません．しかし記号の定義などを考えれば，次のような3グループに分かれます．

　1. 歴史（第1章）：1908年のICM（国際数学者会議）でポアンカレは

"数学の将来を予見する真の方法は，その歴史と実情を研究することである"

と言ったそうです．ここでは解析学の歴史を足早に振り返ってみましょう．ニュートンとライプニッツから300年の歴史です．

　2. 群の表現と群上の調和解析（第2章，第3章）：有限群の表現とその上の調和解析から始めて，局所コンパクト群へと拡張していきます．この章の内容は多くの読者にとっては初めてでしょうから，例を良く理解してじっくりと読みこんでください．

　3. 具体的な例（第4章，第5章）：ポアンカレの言葉に私見を付け加えれば

"そして良い例を持つことである"

ちょっと迫力がありませんが，皆さんも同意見のことと思います．実際，表現論の研究者仲間も，例で攻める人と一般論で攻める人が両立しています．そこで入門者の今後は，いかに例をきちんと理解できるかにかかっている，と言っても過言ではないでしょう．2×2 行列の多くの例を良く理解してください．

　本文では，人名や地名はすべて英文表記にしました．次ページに登場する数学者の年譜を作りましたので，参考にしてください．1名は数学者ではありません．誰でしょう？

　最後に，このような執筆の機会を与えていただいた野海 正俊氏に心から感謝いたします．また，いろいろなわがままを聞いて頂いた朝倉書店編集部にお詫びと感謝の意を表します．

　2000年1月

河添　健

数学者年譜 I

$Aristaeus(370?BC - 300?BC)$
$Euclid(325?BC - 265?BC)$
$Appolonius(262?BC - 190?BC)$
— — — — — — —
$Pappus(290? - 350?)$
— — — — — — —
$Galileo(1564 - 1642)$
$Descartes(1596 - 1650)$
— — — — — — —
$Wallis(1616 - 1703)$
$Huygens(1629 - 1695)$
$Newton(1643 - 1727)$
$Leibniz(1646 - 1731)$
$Bernoulli, Jacob(1654 - 1705)$
$L'Hospital(1661 - 1704)$
$Bernoulli, Johann(1667 - 1748)$
$Taylor(1685 - 1731)$
$Bernoulli, N(1687 - 1759)$
$Goldbach(1690 - 1764)$
$Stirling(1692 - 1770)$
$Bernoulli, N.II(1695 - 1726)$
$Maclaurin(1698 - 1740)$
— — — — — — —
$Bernoulli, D(1700 - 1782)$
$Euler(1707 - 1783)$
$Bernoulli, Johann\ II(1710 - 1790)$
$D'Alembert(1717 - 1783)$

$Lagrange(1736 - 1813)$
$Bernoulli, Johann\ III(1744 - 1807)$
$Monge(1746 - 1862)$
$Laplace(1749 - 1827)$
$Legendre(1752 - 1833)$
$Parseval(1755 - 1836)$
$Bernoulli, JacobII(1759 - 1789)$
$Fourier(1768 - 1830)$
$Napoleon(1769 - 1821)$
$Biot(1774 - 1862)$
$Gauss(1777 - 1855)$
$Poisson(1781 - 1840)$
$Bessel(1784 - 1846)$
$Navier(1785 - 1836)$
$Binet(1786 - 1856)$
$Cauchy(1789 - 1857)$
— — — — — — —
$Abel(1802 - 1829)$
$Jacobi(1804 - 1851)$
$Dirichlet(1805 - 1859)$
$Weierstrass(1815 - 1897)$
$Heine(1821 - 1881)$
$Cayley(1821 - 1895)$
$Hermite(1822 - 1901)$
$Kronecker(1823 - 1891)$
$Riemann(1826 - 1866)$
$Dedekind(1831 - 1916)$

数学者年譜 II

$P.\,du\,Bois\,Reymond(1831-1889)$
$Lipschitz(1832-1903)$
$Clebsch(1833-1872)$
$Laguerre(1834-1886)$
$Gordan(1837-1912)$
$Jordan(1837-1922)$
$Gibbs(1839-1903)$
$Lie(1842-1899)$
$Schwarz(1843-1921)$
$Dini(1845-1918)$
$Cantor(1845-1918)$
$Frobenius(1849-1817)$
$Hilbert(1862-1943)$
$Young(1863-1942)$
$Cartan(1869-1951)$
$Hausdorff(1869-1942)$
$Borel(1871-1956)$
$Baire(1874-1932)$
$Fischer(1875-1954)$
$Schur(1875-1941)$
$Schmidt(1876-1959)$
$Hardy(1877-1949)$
$Frechet(1878-1973)$
$Riesz,F(1880-1956)$
$Luzin(1883-1950)$
$Littlewood(1885-1977)$
$Plancherel(1885-1967)$

$Weyl(1885-1955)$
$Haar(1885-1933)$
$Riesz,M(1886-1969)$
$Banach(1892-1945)$
$Wiener(1894-1964)$
$Bergman(1898-1977)$
$Bochner(1899-1982)$
— — — — — — —
$Zygmund(1900-1992)$
$Heisenberg(1901-1976)$
$Dirac(1902-1984)$
$Wigner(1902-1995)$
$Stone(1903-1989)$
$J.\,von\,Neumann(1903-1957)$
$Kolmogorov(1903-1987)$
$Zippin(1905-?)$
$Weil(1906-1998)$
$Paley(1907-1933)$
$Pontrjagin(1908-1988)$
$Bargmann(1908-?)$
$Naimark(1909-1978)$
$Montgomery(1909-?)$
$Gel'fand(1913-\quad)$
$Iwasawa(1917-1998)$
$Schwartz(1915-\quad)$
$Harish\text{-}Chandra(1923-1983)$
$Bruhat(1929-\quad)$

目　　次

1. 調和解析の歩み ································· 1
   1.1 微積分がスタート ····························· 1
   1.2 Euler の 功 績 ······························· 4
   1.3 弦振動の問題 ································ 10
   1.4 Fourier と熱伝導の問題 ······················· 14
   1.5 厳密主義と Fourier 解析の発展 ················· 21
   1.6 関数解析の始まり ····························· 30
   1.7 群上の調和解析 ······························ 36
   1.8 ウェーブレット変換の登場 ······················· 39

2. 位相群と表現論 ································· 43
   2.1 群と位相の基礎知識 ··························· 43
      2.1.1 群 ··································· 43
      2.1.2 有限 Abel 群上の調和解析 ················ 45
      2.1.3 有限群上の調和解析 ····················· 49
      2.1.4 位 相 空 間 ··························· 54
   2.2 局所コンパクト群と Haar 測度 ·················· 58
      2.2.1 局所コンパクト群 ······················· 58
      2.2.2 不変測度と不変積分 ····················· 60
      2.2.3 モジュラー関数 ························ 64
   2.3 位相群の表現 ································ 66
      2.3.1 表 現 の 定 義 ······················· 66
      2.3.2 いろいろな表現 ························ 72

3. 群上の調和解析 ……… 87
3.1 行列要素とその直交性 ……… 87
3.1.1 2乗可積分表現 ……… 88
3.1.2 有限次元表現の指標 ……… 91
3.2 一般化された Fourier 変換 ……… 93
3.2.1 Peter-Weyl の定理 ……… 94
3.2.2 作用素値 Fourier 変換 ……… 96
3.2.3 スカラー値 Fourier 変換 ……… 97
3.2.4 不変超関数と指標 ……… 100
3.3 逆変換公式と Plancherel の公式 ……… 103
3.3.1 逆変換公式と Plancherel 測度 ……… 104
3.3.2 Plancherel の公式 ……… 105

4. 具体的な例 ……… 107
4.1 T ……… 108
4.2 R^n ……… 110
4.3 $SU(2)$ ……… 112
4.4 $M(2)$ ……… 124
4.5 $SL(2,C)$ ……… 129
4.6 $SL(2,R)$ ……… 137
4.7 H_1 ……… 150
4.8 $ax+b$ 群 ……… 156

5. 2乗可積分表現とウェーブレット変換 ……… 164
5.1 2乗可積分表現 ……… 164
5.2 いろいろな変換 ……… 169
5.2.1 斉次多項式の展開 ……… 169
5.2.2 Bergman 核 ……… 170
5.2.3 Gabor 変換 ……… 171
5.2.4 ウェーブレット変換 ……… 173

参考文献 ··· 179

索　引 ··· 181

編集者との対話 ··· 185

1
調和解析の歩み

　「解析学」という数学の一分野のなかで，「Fourier 解析」がいかに登場し「調和解析」として発展していくかを理解するのがこの章の目的です．

　「解析学」の「学」は日本語へ訳すときに付いてしまったのですが，もとは「解析」(Analysis) です．広い意味では科学自身が森羅万象の解析なのですが，狭く数学に限っても，この言葉の使われ方は複雑です．日常会話で使う分析する行為や手段・方法を意味するかと思えば，時には数学の一分野を表すからです．「解析（学）の歴史」と言ったときは，19 世紀の初め頃にめざましく進展した実・複素解析や関数論などの分野を意味します．ところが，厄介なことに，この分野は近年に至り超巨大化し，分野としての意味をなさなくなりつつあります．数学者同士の会話で "あなたのご専門の分野は何ですか？" "解析です"では情報量が不足しており，"調和解析です" "偏微分方程式です" "作用素論です"とか言った具合に，いわゆる解析（学）の構成要員を分野として呼ぶようになっています．分野を意味する「解析」は，赤色巨星のごとく大爆発して，いくつもの新星が誕生したと思えばいいのでしょうか．長くなりましたが，このような解析（学）の変遷を楽しんでください．

1.1　微積分がスタート

　解析という言葉は，ギリシャの数学者 Pappus が最初に使ったとされています．もちろんギリシャ語ですが，彼が 340 年頃に著した全 8 巻からなる数学全集の第 7 巻に「解析の宝典」(Treasury of Analysis) として登場します．そこでは Euclid, Apollonius, Aristaeus の仕事が紹介され，とくにその手法として，

解析と総合（Analysis and Synthesis）

を強調しています．したがって，ここでの解析は日常会話と同じ意味での分析する行為や手段・方法を意味しています．以後，この言葉は数学のすべての分野で使われます．たとえば，幾何は「座標」を用いた解析であり，代数は「記号」を用いた解析となります．もちろん，今日でも同じように使うことができます．しかしながら，この解析と総合の考え方は，中世においてはキリスト教を支えたスコラ哲学に圧倒されてしまいます．

16世紀後半になると，Galileoは物体の自由落下や放物運動を実験し観察します．今日的な意味で言えば，2階の微分方程式

$$x''(t) = g$$

を発見し，その求積解として

$$x(t) = \frac{g}{2}t^2$$

を得たことになりますが，この結果はあくまで観測で得た法則であり，微分積分の理論的裏付けがあった訳ではありません．しかしながら，実験と観測を重視した反スコラ主義は高く評価されます．残念なことに彼の地動説は1633年に断罪されてしまいます．本当に長い長い暗黒の時代が続きました．そして再び解析と総合の必要性を強調し，自然現象の中の数学的構造の探求を唱えたのが，Descartesの「方法序説」（1637）です．

ようやく機は熟し，Newtonが登場します．彼はGalileoの運動論，Descartesの哲学，Wallisの代数と幾何を学び，力と加速度の関係

$$F = m\alpha = mx''(t)$$

を発見します．そして有名な「Principia 」（1686）において運動の3法則－慣性の法則，運動方程式，作用反作用の法則－からなる力学を完成させます．これはKeplerの惑星運動法則，Galileoの運動論，Huygensの振動論の統合であり，この結果は以降の自然科学の発展に本質的に影響します．

一気に17世紀になりましたが，NewtonとLeibnizが独自に微分積分法の基本定理を得ます．オリジナリティをめぐる二人の論争は皆さんもどこかで聞

いたことがあると思いますが，実際は Newton の方が早く発見しました．1671 年に完成した「流率法と級数」(Method of fluxions and infinite series) において，彼は面積，接線，曲線の長さ，最大・最小値など，当時ばらばらに研究されていたテーマを，微分積分を用いることにより統一的に考えることに成功しました．$\sin x, \cos x$ の級数展開も求めています．そのころ Leibniz は政治に関心がありましたが，1672 年から Paris に滞在し，数学に興味を持つようになります．Huygens を師とし多くの数学の本を買い集めている頃，Newton は既に結果を本にまとめていますので，微分積分の発見は Newton が先でしょう．しかしながら，独立な発見であることは間違いなく（Newton の本は出版が遅れます．英訳は 1736 年．ラテン語の原本はもっと後になります），記号法においては Leibniz の方が優れていたので，以降の発展は Leibniz に負うところが多くなります．たとえば Newton は

$$x', \quad y', \quad \frac{x'}{y'}$$

のような記号を使っていましたが，Leibniz は今日の

$$dx, \quad dy, \quad \frac{dx}{dy}$$

を導入しています．また

$$\int y dy = \frac{y^2}{2} \quad (1675), \quad d(x^n) = nx^{n-1}dx \quad (1676)$$

などおなじみの公式は Leibniz が得ています．

イギリスでは Newton の方法に対する批判が強く，Taylor や Maclaurin が後を継いだにとどまります．一方 Leibniz の方法は Bernoulli 家の数学者や L'Hospital が発展させます．やがて教科書も出版されるようになります．L'Hospital の本のタイトルは「無限小の解析」(Analyse des Infiniment Petits) です．微分積分は無限小を用いた解析であり，ここでも解析は分野を表す言葉ではありませんでした．ところがこの微分積分の研究から，いろいろなものが派生してきます．級数，微分方程式，複素数，偏微分方程式，関数論，変分法，…… やがてこれらのすべての研究を「無限小解析」あるいは「解析」と呼ぶ

ようになっていくのです．そしてこの広範な研究のすべての萌芽にかかわったのが Euler なのです．

このように書くといとも簡単に解析（学）が確立していくように感じますが，今日に至るその基盤ができるまでには，Newton と Leibniz から Euler を経て 150 年, 19 世紀初頭の Cauchy までかかります．そもそも Newton と Leibniz の 2 人が微分を発明したと聞くと，皆さんは高校で習った定義式"関数 $y=f(x)$ が $x=a$ で微分可能であるとは次の極限

$$\lim_{x\to a}\frac{f(x)-f(a)}{x-a}$$

が存在すること"を思い浮かべることと思います．ところが 17 世紀には「関数」という言葉はありませんし，「極限」のきちんとした概念も確立していません．"何で微分できるの！"と当然の疑問ですが，Newton は物体の運動を，Leibniz は曲線を研究し微分積分の本質である変化率や接線の傾きに注目したのです．たとえば，言葉としての「関数」(function) は Leibniz と Johann Bernoulli の文通の中で初めて使われます．また，微分を極限として初めて考えたのは，D'Alembert です．

理工系大学では初年度に微分積分を必ず習います．そして極限や連続性の厳密な定義として，いわゆる「ϵ-δ法」に遭遇します（今は数学科だけかも）．これをきちんと理解することは，数学のセンスが有るか無いかの踏絵のようになっていますが，この ϵ-δ 法を発明したのは Cauchy です．したがって Euler は知りません（もっとも直ぐに理解したでしょうが）．と言うことは，ϵ-δ 法の無い 150 年の間に，解析の基盤となる多く，あるいは大学で習う数学のすべてと言ってもいいかも知れません，が発見されているのです．細かいことにこだわり，センスが無いとギブアップするのも一つの選択ですが，目を瞑り大局を捕らえることも大切なセンスだと思います．

1.2 Euler の功績

Leibniz の微分積分は Bernoulli 家に受け継がれていきます．とくに Leibniz と Jacob, Johann の兄弟は友人で，多くの文通が交わされています．この交流

を通して，微分方程式の求積法を始めとする微分積分が発展しました．そして Euler が登場します．彼と Bernoulli 家のつながりは数学史の面白いところの一つですので，ちょっと寄り道をしましょう．

　Bernoulli 家は 17 世紀末からの 100 年間に 8 人の数学者を生んだ天才の家系です．厄介なのは Johann が 3 人，Jacob と Nicolaus がそれぞれ 2 人，他の一人が Daniel と名前が重複している点で，J. Bernoulli は 5 人もいます．このなかで，スイスの Basel にいた Jacob と Johann の兄弟，Johann の次子 Daniel がとくに優れた業績を残します．Jacob は幾何学や力学の研究を始めとし，確率論の大数の法則を発見します．「積分」(calculus integralis) の命名も彼に因ります．弟の Johann は等周問題を研究し，変分法を見つけます．前にも述べましたが，「関数」(functio) を命名します．また Daniel は確率論や流体力学に業績を残します．

Leonhard Euler

さて，Jacob が Basel 大学で教鞭をとっているころ，弟の Johann は大学生です．そして彼の学友の一人が，Euler の父 P. Euler です．P. Euler は大学で神学を学びますが，数学にも興味を持ち，友人 Johann の兄 Jacob の講義にも出席しています．二人は無二の親友となり，実際，Jacob の家で生活をしています．やがて P. Euler はプロテスタントの聖職につき，Euler が生まれます．父は子供に数学を個人教授し，当然の結果として，Euler は数学に興味を持つようになります．そして 14 歳で大学に入学するのですが，父の夢は後継ぎの神学者．ちゃんと勉強はするのですが数学以上に興味は沸きません．そんな Euler の数学の才能を見抜いたのは，Jacob の後を継いで教授となったかつての友人 Johann です．旧友の説得とあって，父は Euler が数学を目指すことを認めます．

その当時，Johann の子供の Nicolaus(II) と Daniel はロシアの St. Petersburg のアカデミーに居ました．ところが，Nicolaus が若くして亡くなりポストに空きができます．Euler は 19 歳という若さでそのポストに就き，Daniel とロシアでの生活を共にすることになります．父子 2 代の共同生活です．そのころ，すでに Daniel はロシアでの生活に飽きており，Euler にスイスの紅茶や珈琲，ブランディを頼んだそうです．その後 Daniel は Basel に戻りますが，Euler と共に過ごしたこの時期に多くの業績を残します．後述の弦振動の問題に対する寄与もその一つです．Daniel がロシアを去った後，Euler は彼の後任のポストを得ることができます．このことは彼の生活を安定させます．やがて結婚し，13 人の子供をもうけますが，5 人のみが幼年期に残ります．Euler いわく"私の数学上の発見の幾つかは，足元で子供たちが遊び，腕のなかに赤ん坊を抱いているときになされた"さすが天才は違います．やがて名声を得た Euler は，34 歳のときに Berlin のアカデミーに移ります．

この Berlin での 25 年間に Euler は 380 編の論文を書きます．彼は Berlin での生活に満足していましたが，D'Alembert とのポストをめぐる対立に嫌気がさし，59 歳のときに St. Petersburg へ戻ることにします．その後は，病気，火災と災難が続き，20 代後半から診られた視力障害が悪化し，ついには失明してしまいます．しかし驚くことは，このような状況のなかで，彼は膨大な業績の残り半分を仕上げるのです．1783 年，74 歳で亡くなりますが，St. Petersburg のアカデミーはその後 50 年をかけて彼の未発表の業績を出版し続けます．それ

らは彼の全集40巻にまとめられています. 40巻！ 百科事典よりすごい.

このように, Euler は 18 世紀の中心となる数学者で, その業績は多岐にわたり, まさに天才の中の天才です. Bernouill 家によって受けつがれた Leibniz の微分積分法から始まり, 級数, 複素数, 楕円関数, 偏微分方程式, 変分法, 数理物理, 解析力学, …… 多くの先駆的な仕事を手がけ, いくつもの分野を萌芽させました. 数学の記号に関しても,

関数 $f(x)$ (1734), 自然対数 e (1724), 円周率 π, 虚数単位 i (1777),

和の記号 Σ (1755), 差分の記号 $\Delta y, \Delta^2 y$

などは Euler によって初めて使われました.

一言で言えば, 解析を整備し 19 世紀の数学への道しるべを作ったと言えるでしょう. 研究は時代とは独立ですから, 18 世紀・19 世紀の数学と分けるのはナンセンスなのですが, たまたま数学史の上では, この世紀の変わり目に大きな変革があります. それは 19 世紀になると始まる「厳密主義」です. この意味においては, Euler はあまり厳密なことにこだわらなかったと言えるでしょう. しかしそのことを差し引いても彼の業績の評価は少しも変わりません. 数学を勉強すると何個もの「Euler の公式」に出会うのはそのためです.

ここで Euler の解析に関する業績のみを駆け足で振り返ってみましょう. まずは「関数」の概念を考えています. 今日的な意味での厳密な定義は 19 世紀の Dirichlet によりますが, Euler も変数間の対応として関数をとらえています. たとえば, ギリシャの数学以来, 三角関数 $\sin x, \cos x$ は弦として考えられていましたが, Euler は関数として取り扱っています. さらには, 級数, 無限乗積, 連分数などによって定義される関数にも注目しています. とくに後に Riemann の ζ 関数と呼ばれる

$$\zeta(s) = \sum_{k=1}^{\infty} \frac{1}{n^s}$$

も研究しています. 当時, $\zeta(2)$ の値を求めることは, "Basel の問題" と呼ばれていました. 最初に Leibniz や Stirling が挑戦しますがうまく行かず,

Jacob, Johann, Daniel Bernoulli などがその値 $\pi^2/6$ を求めることに成功します. Euler も 1737 年に

$$\zeta(2) = \frac{\pi^2}{6}, \quad \zeta(4) = \frac{\pi^4}{90}, \quad \zeta(6) = \frac{\pi^6}{945}, \quad \zeta(8) = \frac{\pi^8}{9450},$$

$$\zeta(10) = \frac{\pi^{10}}{93555}, \quad \zeta(12) = \frac{691\pi^{12}}{638512875}$$

を計算しています. そして, 1737 年には有名な無限乗積

$$\zeta(s) = \prod_{p\,\text{は素数}} \left(1 - \frac{1}{p^s}\right)^{-1}$$

を得ています. 1735 年には, いわゆる Euler 定数

$$\gamma = \frac{1}{1} + \frac{1}{2} + \frac{1}{3} + \cdots - \log n$$

を 16 桁まで計算しています. とにかく計算力があり,

$$2^{32} + 1 = 4294967297$$

が 641 で割り切れ, 素数でないことの発見も彼の業績です. また, 1744 年の Goldbach への手紙には後の Fourier 級数展開の一例となる

$$\frac{\pi}{2} - \frac{x}{2} = \sin x + \frac{1}{2}\sin 2x + \frac{1}{3}\sin 3x + \cdots$$

が求められています. ただし, x の範囲や多くの関数の同様な展開には至っていませんでした. また 1736 年の Stirling への手紙には, 関数の数値計算に使われる今日の Euler-Maclaurin の公式が述べられています. 2 年後の Stirling からの返信で, Stirling は Euler に Maclaurin が同様の結果を得ていることを知らせます. Euler はその返事で, "自分は 4 年前に得ているが Maclaurin 氏はきっと私より前に得たのだろうから最初の発見者と呼ばれるに値する" と謙虚に述べています.

一般の二項定理

$$(1+x)^\alpha = 1 + \alpha x + \frac{\alpha(\alpha-1)}{2!}x^2 + \frac{\alpha(\alpha-1)(\alpha-2)}{3!}x^3 + \cdots$$

を使うことにより,
$$\int_0^x \frac{1}{\sqrt{1-t^2}}dt = x + \frac{1}{2\cdot 3}x^3 + \frac{1\cdot 3}{2\cdot 4\cdot 5}x^5 + \cdots$$
を得ますが (このことは Newton も知っていた), Euler はこのルートの中の $1-t^2$ を $1-t^n$ や多項式 $f(t)$ で置き換える研究を行っています. この研究は楕円積分の加法公式を導き, Gauss, Legendre, Weierstrass へと受け継がれ楕円関数の理論が完成して行きます.

複素数を解析に導入したのも Euler です. 指数関数を拡張し, お馴染みの **Euler の公式**
$$e^{ix} = \cos x + i\sin x$$
を得ています. また 1727 年には log の負の値
$$\log(-1) = \pi i$$
も発見しています. 単に複素数だけでなく, 解析関数にも注目し, 1777 年に解析関数 $f(z) = u(x,y) + iv(x,y)$ に対して, Cauchy-Riemann の方程式
$$\frac{\partial u}{\partial x} = \frac{\partial u}{\partial y}, \quad \frac{\partial v}{\partial y} = -\frac{\partial v}{\partial x}$$
を示しています. このことは, 1752 年に D'Alembert によって得られていました.

ベータ関数, ガンマ関数の積分表示も Euler の仕事です. 1729 年に無限乗積
$$\Gamma(x) = \frac{1}{x}\prod_{n=1}^{\infty}\left(1+\frac{1}{x}\right)^x\left(1+\frac{x}{n}\right)^{-1}$$
と定義し, その積分表示
$$\Gamma(x) = \int_0^{\infty} e^{-t}t^{x-1}dt \quad (x>0)$$
を得ています. 今日では Binet と Gauss の名前からベータ関数, ガンマ関数と呼ばれていますが, Legendre は Euler の第 1 種積分, 第 2 種積分と呼んでいました. さらには積分の演算や 2 重積分も研究し, 常微分・偏微分方程式の解法

を考えています.いわゆる定数変化法や積分因子を用いる方法は彼の発明です.その研究範囲はとどまるところを知りません.彼の業績紹介を解析に関する結果のみに限っていることを思い出してください.この他にも数論においても多くの業績を残しています.

力学や物理の問題にも多大の貢献をしています.弦振動の問題では D'Alembert と同じく

$$\frac{\partial^2 y}{\partial t^2} = a^2 \frac{\partial^2 y}{\partial x^2}$$

の解を求め,非圧縮性流体の研究では **Laplace 方程式**

$$\Delta u = \left(\frac{\partial^2}{\partial x^2} + \frac{\partial^2}{\partial y^2}\right)u = 0$$

を導いています.船の推進,流体,天体,音楽,地図法などまで研究しています.40 巻にも及ぶ彼の業績をこのようなスペースで紹介すること自体が無謀なことですが,もし時間があれば Euler の名前の付く定理や命題をすべて調べてみるのも面白いかと思います.

すでに解析は広範な分野となってしまいましたが,以降では Fourier 解析や調和解析に関わる歴史を振り返ることにしましょう.

1.3 弦振動の問題

当時は物理的問題と数学は密接に関係しており,その解法として偏微分方程式が盛んに研究されます.とくに 18 世紀中頃の未解決問題として,弦の振動の問題がありました."両端を固定した弦の振動を記述しなさい"という問題ですが,ここで記述するとは,その運動を解明しなさい,つまり,実際に弦を振動することなく弦の挙動や形が分かるようにしなさい,との意味です.

数学的には図のように両端を固定した弦を考えます.そして時刻 t での位置 x におけるその変位(高さ)を $y(x,t)$ としたとき,この $y(x,t)$ が満たす偏微分方程式を求め,その解として $y(x,t)$ の具体的な関数の形を記述しなさい,と言うことになります.

当時の著名な数学者がこの問題に挑戦し,熱い論争を巻き起こしました.最

1.3 弦振動の問題

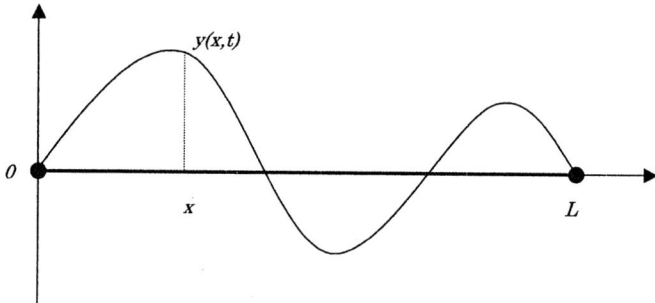

長さ L の弦振動

終的には, 1749 年に D'Alembert によって解決されますが, この問題は後の Fourier の仕事にも影響するので, その歴史を振り返ってみましょう.

最初は Johann Bernoulli が 1727 年に有限差分方程式

$$\frac{\partial^2 y_k}{\partial t^2} = a^2(y_{k+1} - 2y_k + y_{k-1})$$

を導きます. つまり連続的な弦を考える代わりに, つながれた n 個の質点の挙動を考えました. ここで y_k は k 番目の質点の変位です. ここから連続な弦の場合を調べ, 結論として弦は正弦曲線, すなわち sin の形をしていると主張しました. 一方, D'Alembert は最初から弦は無数の形を取ることができるに違いないと考えていました. そして 1749 年に弦の振動を記述する偏微分方程式−**弦の振動方程式**:

$$\frac{\partial^2 y}{\partial t^2} = a^2 \frac{\partial^2 y}{\partial x^2}$$

を導きます. そして求積法によりその解を求め, 周期 $2l$ の任意の関数 h に対して弦は

$$y(x,t) = h(at+x) - h(at-x)$$

の形となることを示します. もう少し正確に述べると, 初期条件

$$\begin{cases} y(x,0) = f(x), \\ \dfrac{\partial}{\partial t}y(x,0) = g(x) \end{cases}$$

のとき，

$$y(x,t) = \frac{1}{2}\left(f(x+at) + f(x-at)\right) + \frac{1}{2}\int_{x-t}^{x+t} g(s)ds$$

となります．この結果は偏微分方程式と物理への応用についての先駆的な仕事となります．

D'Alembert の生涯は Euler ほどドラマティックではありません．尼僧の母のもとに生まれ，孤児同然に育ちますが，23 歳でフランスのアカデミーに認められます．それ以降は Paris から動くことはなく，人生のドラマは少ないのですが，別の意味で多くのドラマを作りました．彼は頑固者で絶えず周りの人と論争を巻き起こしていました．したがって人間関係はあまり良くなく，上の結果も"数学過ぎて物理の事実に基づいてない"と厳しい批判を浴びます．しかし彼の数学の非凡さを感じたのは Euler でした．Euler は 1743 年頃から Daniel Bernoulli との文通により D'Alembert の仕事に関心を示しています．Daniel は D'Alembert の仕事をまったく評価しなかったのですが，Euler は高く評価し，彼自身も 1750 年に上の解に到達しています．この頃の D'Alembert と Euler の関係は良好で，連続関数や曲線に関する多くの友好的な文通が交わされています．しかし長くは続きませんでした．やがて D'Alembert は Euler が自分の結果を盗んでいると疑いだし，さらには先にも述べたように Berlin アカデミーのポストをめぐり激しく対立します．最終的には D'Alembert が譲歩するのですが，Euler はロシアへ戻ることになります．

さて，弦振動の問題は解決したのですが，面白い発展をみせます．一つは偏微分方程式とその解を考える上で，どうしても関数とは何か？微分可能性とは？解曲線とは何か？といった概念を明確にする必要が起きました．前節で Euler が関数の定義を考えたのもこの問題に起因しており，D'Alembert とも意見を交換しています．

もう一つの発展は Daniel Bernoulli の 1755 年の結果に始まります．かれは音響学の研究から $y(x,t)$ は

1.3 弦振動の問題

$$y(x,t) = \alpha \sin\frac{\pi x}{l}\cos\frac{\pi at}{l} + \beta\sin\frac{2\pi x}{l}\cos\frac{2\pi at}{l} + \gamma\sin\frac{3\pi x}{l}\cos\frac{3\pi at}{l} + \cdots$$

と展開できると主張します. ここで $t=0$ とすれば

$$y(x,0) = \alpha \sin\frac{\pi x}{l} + \beta\sin\frac{2\pi x}{l} + \gamma\sin\frac{3\pi x}{l} + \cdots$$

となり, $y(x,0)$ の三角関数による展開が得られます. 先の D'Alembert の結果と組み合わせれば,"任意の関数は三角関数に展開できる"ことになります. Euler 自身も三角関数による関数の展開には興味をもっていましたが, この主張には批判的であったようです.

1759 年になると Lagrange が音の伝播−弦振動の 3 次元版−の研究からこの問題に加わります. 彼は Newton, Daniel Bernoulli, Taylor, Euler, D'Alembert の先駆的な研究を深く理解し, とくに有限差分方程式から質点の数を無限個に飛ばす方法により, Euler が得た解の別証明を与えます. この離散モデルから連続モデルへの移行は厳密なもでのはありませんでしたが, Euler はその方法を高く評価しています. この計算過程において Lagrange は解が

$$y(x,t) = \frac{2}{\pi l}\int_0^l f(u)du \sum_n \sin\frac{n\pi u}{l}\sin\frac{n\pi x}{l}\cos\frac{n\pi at}{l}$$

$$+ \frac{2}{\pi l}\int_0^l g(u)du \sum_n \sin\frac{n\pi u}{l}\sin\frac{n\pi x}{l}\sin\frac{n\pi at}{l}$$

と展開できることを示します. ここで f, g は弦の初期状態, すなわち $t=0$ のときの状態を記述する関数で既知の関数です. ところで Fourier 級数を勉強したことのある人は気がつくでしょう. この展開式はまさに $y(x,t)$ の x についての Fourier 級数展開です. ただし, 積分と和の順序を逆にする必要がありますが, $t=0$ とすれば

$$y(x,0) = \sum_n \left(\frac{2}{\pi l}\int_0^l f(u)\sin\frac{n\pi u}{l}du\right)\sin\frac{n\pi x}{l}$$

$$= \left(\frac{2}{\pi l}\int_0^l f(u)\sin\frac{\pi u}{l}du\right)\sin\frac{\pi x}{l} + \left(\frac{2}{\pi l}\int_0^l f(u)\sin\frac{2\pi u}{l}du\right)\sin\frac{2\pi x}{l}$$

$$+ \left(\frac{2}{\pi l} \int_0^l f(u) \sin \frac{3\pi u}{l} du \right) \sin \frac{3\pi x}{l} + \cdots$$

となります．先の Daniel Bernoulli の主張した式の展開係数 $\alpha, \beta, \gamma, \cdots$ が具体的に求めることができました．もし，Lagrange が不注意な数学者で積分と和の順序に無頓着な人であったならば，Fourier 級数は Lagrange 級数と呼ばれていたかも知れません．また，Lagrange は Euler の解を得ることにあまりに熱中していたので，"任意の関数を三角関数に展開する"という問題にはあまり関心がありませんでした．結局，この問題の解決は 19 世紀に持ち込まれます．

Lagrange のこの研究は後に Poisson によって受け継がれ，いわゆる "Fourier 級数" のオリジナリティをめぐる Fourier との熱い論争のもとになります．Fourier は 27 歳の 1794 年に Paris で Lagrange, Laplace, Monge の指導を受けます．そして，いわゆる Fourier 級数を用いて「熱伝導の問題」を解決します．このとき，Lagrange は自からも同様のアイデアを持っていたにもかかわらず，Fourier の数学には批判的な立場をとります．それは関数の級数展開の理論の不完全さをはっきりと認識していたからでしょう．数学に対してとても厳しい人であったに違いありません．

1.4 Fourier と熱伝導の問題

弦振動の問題が解決された後，18 世紀の終わり頃から熱伝導の研究が始まります．弦の振動と違って熱の伝播は目に見えませんから，実験や観測が必要となります．Laplace-Lavoisiev（1784）や Biot（1804）が実験を重ね先駆的な研究を行います．そして Fourier がこの問題を解決するのですが，そこに至る彼の人生はまさに波乱万丈，また寄り道をしましょう．

Fourier は 1768 年に裁縫職人の子としてフランス Auxerre に生まれます．13 歳のときに数学に興味を持ちますが，将来聖職に就くべきか，数学者になるべきかでなかなか進路が決められません．21 歳の誕生日の手紙には "Newton や Pascal はこの歳で不朽の名声を得ているのに" と嘆いています．結局，22 歳で教師になりますが，またまた悩みます．革命に参加すべきか？ 決意して参加す

Joseph Fourier

るのですが, そのテロ活動に嫌気がさし抜け出そうします. もちろん, 仲間は許してくれません. 1794 年には逮捕され投獄, ギロチンを恐れています. 幸いにも釈放されて自由の身となります.

革命は Fourier を始め多くの人の人生に転機をもたらしました.

Euler と D'Alembert がもめた Berlin のポストは, Euler が去った後, 1766 年に Lagrange が就くことになります. 彼は 20 年間にわたり Berlin で勢力的な業績を残します. しかし健康状態が悪化し, 妻の死にも落胆します. 彼は故郷のイタリアへ戻ることを希望します. もちろん, 引く手数多でしたが, このとき Paris のアカデミーが都合の良い条件を提示します. 講義の義務はなし. 1787 年, 51 歳の Lagrange は Paris へ移ります. そして革命の渦に巻き込まれます. 多くの数学者が追放されたなかで, Lagrange は外国籍にも関わらず奇跡的に切り抜けて行きます. 一方, Napoleon は旧態としたアカデミーを抑圧し, 新た

な教育制度として Ecole Polytechnique や Ecole Normale を創設します. このような状況下で Langrange が得た"講義の義務はなし"の特約は許されず, せっかくの契約は破棄させられてしまいます. そして Ecole Normale で再び初等数学を教えることになりますが, このとき彼は微分積分の基礎を再び深く考察します.

ところでこの Ecole Normale は優れた教師の養成を目標とし作られました. 全国から優秀な教師を募り, 1794 年に Fourier は選ばれて Paris へ行きます. ここで 26 歳の Fourier は 58 歳の Lagrange と出会います.

Ecole Normale で Fourier は Lagrange, Laplace, Monge の指導を受けます. 何とも贅沢なスタッフですが, Fourier の 3 人に対する寸評はちょっと愉快です. "Lagrange は最初に出会ったヨーロッパの科学者. Laplace はあまり高く評価しない. Monge は声が大きく, 精力的. 才能があり博学." 結局, Monge を一番高く評価しています. さらに Lagrange の授業を"声が小さく, 冷めている. イタリア訛りが強く, s を z のように発音する. 多くの生徒は評価せず歓迎しない. その分他の教授が償ってくれる"と酷評しています. 先の経緯から Lagrange にしてみれば, やる気がでないのは当然でしょう.

Fourier は再び教職に戻りますが, Lagrange, Laplace, Monge との交流は続き, 数学の研究も続けることができました. しかし, 昔の事件が尾を引き, 再び逮捕され投獄. このときは教え子や Lagrange, Laplace, Monge が嘆願書を出しています. Fourier の信望は厚かったようです. 1795 年からは Ecole Polytechnique に戻り教鞭をとります. そして, 1797 年に Lagrange の後を継いで, 解析と力学のポストに就きます. ようやく研究体制が整いました. でも「Fourier 級数」の発見へはもう一波瀾があります.

1798 年から Monge らと共に, Napoleon のエジプト遠征に科学顧問として参加します. 行政官としての才を発揮し, エジプトの教育施設の設立や考古学の探検隊を指揮します. あのロゼッタストーンの発見です. 1801 年に やっと Ecole Polytechnique に戻りますが, 何と Napoleon は彼に Isel 県の地方長官を任命します. Fourier は教育・研究生活から離れることに強く失望しますが, Napoleon の御指名とあっては従うより他はなく, Grenoble へ向かいます. 彼はここでも才能を発揮し, 湿地の干拓や道路整備を行い, またエジプト遠征の記

録を編纂します.

　Fourier が熱伝導の問題を解決するのは，この Grenoble の時期です．長官の職務をこなしながら数学を続ける熱意と才能は並大抵ではありません．この時期の研究業績については後で詳しく触れることにします.

　Napoleon が失脚すると Fourier は国王を支持し長官のポストに留まります．その後，失脚した Napoleon はエルバ島から脱出するのですが，このとき面白い話があります．Fourier は Napoleon が南仏からいわゆる今日の Napoleon 街道を北上して Grenoble へ向かうのを恐れます．いろいろと根回しをするのですが，Napoleon はどんどん行進を続けます．立場上 Fourier は Grenoble の市民に国王への忠誠と Napoleon へ対抗を説きますが，いざ行進が町に迫ると雲隠れして逃げてしまいます．Napoleon としては自分がかつて任命した長官が大歓迎してくれるだろうと期待していたのですから激怒します．ところが Fourier はこの場をうまく切り抜け，再び Napoleon から Rhone 県の長官を任命されます．優柔不断．この辺も Fourier の才能なのでしょうか.

　Napoleon の再度の失脚に伴い，Fourier も完全に職を失います．しかし熱伝導の仕事が評価され，1817 年にアカデミーの会員に選ばれ，1822 年には書記となります．この Paris での最後の 8 年間，彼はやっと落ち着いて数学の研究に専念できます．しかし，彼が熱伝導の理論に用いた方法－関数の Fourier 級数展開－は引き続き論争の的となっていました.

　Grenoble の長官となった Fourier は 1804 年頃から熱伝導の問題に着手します．1807 年に Biot の実験結果に基づいて，Fourier はその離散モデルを発表し，さらに連続モデルとして,

$$\frac{\partial u}{\partial t} = \kappa \Delta u - hu$$

の形をした偏微分方程式も得ています．最後の $-hu$ が取れれば熱伝導方程式になります．この解法に際し Fourier は関数を三角関数によって展開する方法を用いるのです．この論文は Lagrange, Laplace, Monge, Lacroix によって審議され，高い評価を得るものの，二つの点で論議を起こしました．一つは Lagrange と Laplace の指摘で，関数の三角級数への展開の説明が不備であること，もう

一つは Biot の "熱伝導方程式は自分の成果である" との主張でした．前者については Fourier は説明を試みるものの失敗します．そこでフランス・アカデミーは 1811 年にこの問題を懸賞問題とし，「熱の伝播の法則の数学的理論を与え，理論の結果と正確な実験とを比較せよ」と告知します．Fourier は前述の 1807 年の論文に幾つかの新しい結果を加えて再度提出します．このとき，前の式の $-hu$ の項は取れています．結局, Fourier が受賞するのですが，引き続き疑問点は残りました．したがって，その受賞報告は賞賛と未完の部分の指摘が混ざっており，玉虫色となっています．このような経緯から当時 Fourier の論文を出版する動きはなく，「熱の解析的理論」として研究成果が出版されるのは彼がアカデミーの書記となった後の 1822 年になります．

Fourier の方法を簡単な場合で説明しましょう．図のように薄板があり，時刻 t での位置 (x,y) における温度 $u(x,y,t)$ を考えます．

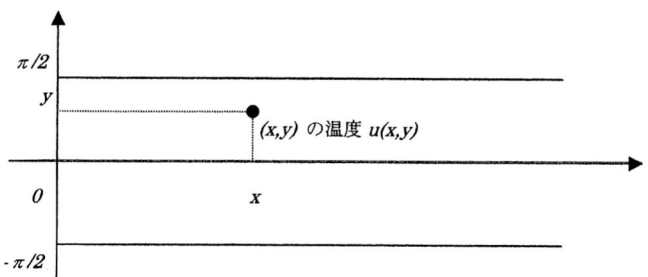

薄板の温度分布

いま，平衡状態

$$\frac{\partial u}{\partial t} = 0$$

にあるとしましょう．したがって $u(x,y,t)$ は t によらず，$u(x,y)$ と書くことができます．また，境界条件を

$$\begin{cases} u(x, \pm\frac{\pi}{2}) = 0, \\ u(0, y) = 1 \end{cases}$$

としましょう．"このときの薄板の温度分布 $u(x,y)$ を求めよ" と言うのが熱伝導の問題です．Fourier はまず $u(x,y)$ が**熱伝導方程式**

$$\frac{\partial u}{\partial t} = \frac{\partial^2 u}{\partial x^2} + \frac{\partial^2 u}{\partial y^2}$$

を満たすことを導きます．そして $u(x,y)$ を変数分離させ

$$u(x,y) = X(x)Y(y)$$

としてみます．方程式に代入すれば

$$\frac{X''}{X} = -\frac{Y''}{Y}$$

となります．このように x と y の関数が等号で結ばれるのは定数に限りますから，それを α と置きましょう．すると二つの 2 階線形常微分方程式が得られ，

$$X(x) = c_1 e^{\sqrt{\alpha}x} + c_2 e^{-\sqrt{\alpha}x},$$
$$Y(y) = d_1 e^{\sqrt{-\alpha}y} + d_2 e^{-\sqrt{-\alpha}y}$$

と書けることがわかります．ここで物理的条件，すなわち熱の伝導を考慮すれば，$\alpha = \lambda^2 > 0$, $c_1 = 0$ とすることができます．さらに境界条件 $u(x, \pm\pi/2) = 0$ より，

$$\lambda = (2n+1) \quad (n = 0, \pm1, \pm2, \cdots)$$

とし

$$Y(y) = d\cos((2n+1)y)$$

として良いことがわかります．次に境界条件 $u(0,y) = 1$ を満足させるために，いわゆる重ね合わせの原理を考察し，その解 $u(x,y)$ が

$$u(x,y) = \sum_{n=1}^{\infty} a_n e^{-(2n+1)x} \cos(2n+1)y$$

となる形をしているだろうと仮定します．先の境界条件を考慮すれば，

$$1 = a_1 \cos y + a_3 \cos 3y + a_5 \cos 5y + \cdots$$

となります.ここで両辺を k 階項別微分して $y = 0$ と置くことにより,無限個の未知数の k 個の 1 次方程式を得ることができます. k を無限大にする極限操作をうまく行い

$$a_1 = \frac{3 \cdot 3 \cdot 5 \cdot 5 \cdot 7 \cdot 7 \cdots}{2 \cdot 4 \cdot 4 \cdot 6 \cdot 6 \cdot 8 \cdot 8 \cdots} = \frac{4}{\pi}$$

を示します.この最後の等式は当時 Wallis の公式として既に知られていました.これを元にして,他の係数も順次に決まり

$$a_{2n+1} = \frac{4}{\pi} \frac{(-1)^n}{2n+1}$$

を得ることができます.したがって最終的な解は

$$u(x,y) = \frac{4}{\pi}\left(e^{-x}\cos y - \frac{1}{3}e^{-3x}\cos 3y + \frac{1}{5}e^{-5x}\cos 5y + \cdots\right)$$

となります.ここで解は級数で与えられます.この方法において,解の級数の形を限定したことや解の級数の収束性に対して Lagrange や Laplace が批判したのです.

Fourier のこのような解法は,先の弦の振動の問題における Lagrange の計算(積分と和を入れ替えて)に注意すれば自然なのですが,当時 Lagrange は 70 歳を越え,それは 50 年前の結果でした.Fourier がどれだけ Lagrange から教唆を受けたかは定かではありませんが,弦の振動の問題はすでに古典となっていました.やはり Fourier の発想を評価すべきでしょう.特に Fourier は "すべての関数は,$\cos nx$ と $\sin nx$ で展開できる" と主張し,

$$\frac{1}{2}\pi\phi(x) = \sin x \int_0^\pi \sin x \phi(x)dx + \sin 2x \int_0^\pi \sin 2x \phi(x)dx$$

$$+ \cdots + \sin nx \int_0^\pi \sin nx \phi(x)dx + \cdots$$

なる sin 展開の式を求めています.展開ができる関数に不連続関数を含めて考えたことや係数を求める積分式を与えた点で「Fourier 級数」と呼ばれるようになったのです.しかし最も基本的な問題である "展開した三角級数は,何故もとの関数に戻るのか" に対しては何も答えていませんでした.この不備を最初に指摘したのは Cauchy でした.

さて Fourier がエジプト遠征しているときに，Poisson は Ecole Polytechnique で学び，Lagrange や Laplace の指導を受けます．また，Fourier が長官として Grenoble へ赴任したときに，Poisson は Ecole Polytechnique で教鞭をとっています．どこかで仕事の場を共にすれば 2 人の関係も変わったのでしょうが，Poisson は数学の能力を含めて Fourier を批判します．前にも述べましたが Poisson は Lagrange の解から出発して，関数の三角関数展開や積分表示に至ります．しかし 1808 年に Fourier の理論の紹介文を書いている点からして，やはり「Fourier 級数」なのでしょう．いずれにせよ Lagrange や Laplace の批判に答えられるものではありませんでした．このアイデアを厳密化すること，関数とは何か？ 級数の収束とは？ 積分とは何か？ に答えることから 19 世紀以降の解析が発展して行くのです．

熱伝導の問題が一応解決され，次の懸賞問題は「流体の運動」になります．Cauchy がいわゆる Laplace 方程式を研究し（Euler が見つけていた），Navier の研究へとつながって行きます．そして Fourier, Poisson, Cauchy は偏微分方程式の解法に多大な足跡を残すことになります．

1.5 厳密主義と Fourier 解析の発展

18 世紀から 19 世紀にかけて数学の世界は大きく変貌します．一つはフランス革命による新しい教育・研究スタイルの誕生であり，もう一つは微分積分を始めとする数学の厳密な基礎固めです．

18 世紀の終わりに起きたフランス革命は科学の発展とも無関係ではありませんでした．それ以前の学者は王侯や貴族の保護のもとに活動をし，大学よりはアカデミーに重点を置いて研究を続けていました．たとえば Euler は St. Petersburg や Berlin のアカデミーに籍を置いていました．そして文通を通じて多くの研究成果が交換されました．時としてアカデミーは賞を設定し，その成果を保持することを誇りとしていたのです．明らかに民主的ではありませんでした．Napoleon はこのような科学アカデミーを抑圧し，新たな科学保護政策を始めます．Ecole Polytechnique などの Grandes Ecoles を創設します．この新制度により学者の研究生活は大きく変わります．アカデミーから大学へ，文通

から教科書・論文へと今日のスタイルが主流となります．この新制度は多くの人材を育成し，以後20〜30年間フランスは物理・数学の指導的立場をとることになります．

　前に述べたように，Paris に戻った Lagrange は Ecole Normale で教鞭をとります．そして18世紀の科学—解析学と力学—の総合的な教科書として，「解析関数論」(1797) と「解析力学」(1811) を書きます．前者は微分積分の基礎と導関数の理論を扱ったものですが，極限や無限小解析の議論から離れて代数的な側面を強調しました．しかし，収束に対する配慮を欠いていました．早速，Cauchy, Abel, Gauss らが"その方法では無限級数の収束が判定できない"とその不備を指摘します．このような批判に対して，Lagrange は基礎を固めることのできない数学の状況を絶望視していました．D'Alembert への手紙に"物理や化学は輝いているのに，数学は低迷している"，"鉱床は深く掘られ，新たな鉱脈を発見しなければ捨て去られる"などと記しています．また1789年のフランス・アカデミーの書記 Delambre の報告書にも"細部における完全性のみが唯一残っている．この克服しがたい困難は解析の力が尽きたことを告げている"などと書かれています．しかし，この残された"細部における完全性"の研究，すなわち極限や無限小解析の議論の厳密化が数学を低迷の中から救い出すのです．多くの業績を残した当時の数学者たち –Cauchy, Heine, Weierstrass, Dirichlet, Riemann, …– は個々の問題の研究と合わせて，関数とは何か？ 収束とは何か？ 積分とは何か？ を絶えず考え，今日使われているような厳密な定義を導いて行くのです．1821年に Cauchy はこのような厳密主義に立脚し，Ecole Polytechnique で行った講義録「解析教程」を出版します．

　余談になりますが，Cauchy が厳密主義を唱えた背景には彼の性格や宗教感があったのではないでしょうか．裕福な家に生まれ，Lagrange や Laplace が家庭教師となります．15歳で Ecole Polytechnique へ入学し，21歳から Cherbourg で教鞭をとります．熱烈なカトリック教徒ですが度が過ぎて自己中心的になり，いつも孤立していました．うつ病にもなり，Paris へ戻ったりもしています．やがて数学の業績は名声を得て行きます．1816年に「波の研究」がアカデミーに認められ，会員になります．しかし生涯厳格なカトリック教徒でまた王党派でし

た.忠誠の宣誓を拒み亡命したり,宗教を科学に持ち込むと強く批判されました.いつも孤立していた Cauchy の性格は,なんとなく厳密主義にピッタリではないですか?

Cauchy 以降の解析は彼が「解析教程」で示した考え方を基盤として発展して行くことになります.以下では,Fourier 解析に関連した結果—級数の収束性,係数の積分,展開の一意性—についてまとめておくことにしましょう.

Fourier 級数の収束　　f を周期 2π の周期関数とし,$I = [-\pi, \pi]$ で可積分
$$\int_{-\pi}^{\pi} |f(x)|dx < \infty$$
とします.まだ厳密に積分が定義されていないのに"可積分"とは少々ナンセンスですが,お許しください.以下の Fourier 係数がうまく定義される関数と思ってください.さて f の Fourier 係数を
$$a_n = \frac{1}{\pi}\int_{-\pi}^{\pi} f(x)\cos nx dx, \quad b_n = \frac{1}{\pi}\int_{-\pi}^{\pi} f(x)\sin nx dx$$
で定めたとき
$$S[f](x) = \frac{1}{2}a_0 + \sum_{n=1}^{\infty}(a_n \cos nx + b_n \sin nx)$$
を f の Fourier 級数と呼びます.Fourier が"すべての関数は $\cos nx$,$\sin nx$ の和で書ける"と主張したのは,この $S[f]$ と f が一致するとの意味です.しかし一致に関してはあまり注意を払っておらず,実際問題として,どのような条件のもとで f と $S[f]$ が一致するのか? が大問題となります.この問題に対しては,Dirichlet が 1829 年に一つの解答を与えます.

定理(Dirichlet-Jordan)　　f が I で有界変動であれば,I の各点 x_0 で
$$\frac{1}{2}(f(x_0 + 0) + f(x_0 - 0)) = S[f](x_0)$$
となる.とくに f が x_0 で連続であれば,
$$f(x_0) = S[f](x_0)$$

である.

ここで f が区間 $[a,b]$ で**有界変動**であるとは,f が $[a,b]$ で有界で

$$\sup \sum_i |f(x_i) - f(x_{i-1})| < \infty$$

を満たすことです.ただし,上限 sup は $[a,b]$ の分割 $a = x_0 < x_1 < \cdots < x_n = b$ をすべて動きます.たとえば,平均値の定理を使えば,区分的に一階微分可能で導関数が有界な関数は有界変動です.例としては図のようにジャンプはあるが区分的に滑らかな関数を思い浮かべてください.x_0 にジャンプがあるとき,定理の左辺の式 $(f(x_0+0) + f(x_0-0))/2$ はその真中の値になります.

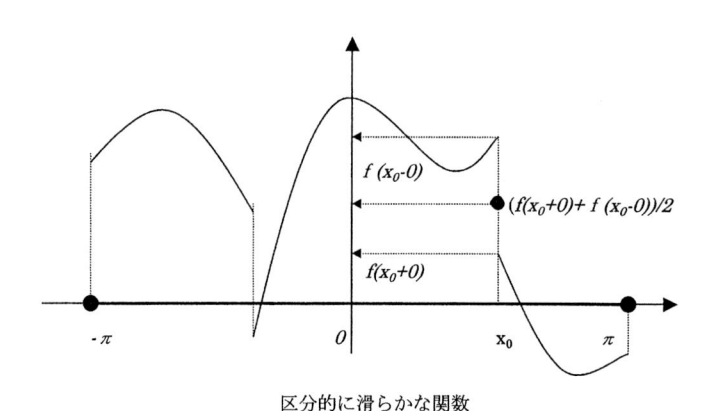

区分的に滑らかな関数

Dirichlet は f が単調関数の場合に証明を与えています.Jordan の名前が付いたのは,彼が"有界変動関数は単調関数の差で書ける"ことを示したからで,したがって定理の本質的な部分は Dirichlet の結果です.

この定理のように,ある点 x_0 を固定してその点での収束を考えることを,**各点収束**と言います.上の定理は有界変動であれば I の各点で各点収束することを意味します.では,仮定を弱めて連続関数ではどうでしょうか? この問題に関しては答えは否定的で,1876 年に P. du Bois Reymond が

定理 ある点で Fourier 級数が発散する連続関数が存在する.

を示しています．関連する定理として，1920 年頃に Kolmogorov は

定理 ほとんど至る所で Fourier 級数が発散する可積分関数が存在する．

を示しています．ところで，1913 年に Luzin は" 2 乗可積分関数の Fourier 級数はほとんど至る所で収束する "だろうと予想します．ここで 2 乗可積分関数とは

$$\int_{-\pi}^{\pi} |f(x)|^2 dx < \infty$$

を満たす関数ですが，Luzin の予想は Fourier 解析の大問題となります．長い間この予想は解かれませんでしたが，1966 年に Carleson によって肯定的に解決されました．当時は否定的な答えを考えていた人が多かったので，彼の結果は驚きをもって受け止められました．

Fourier 級数の各点収束以外に，**一様収束**を考えることも研究されています．f の Fourier 級数の部分和を

$$S_k[f](x) = \frac{1}{2}a_0 + \sum_{n=1}^{k}(a_n \cos nx + b_n \sin nx)$$

としたとき

$$\sup_{x \in I} |S_k[f](x) - f(x)| \to 0 \quad (k \to \infty)$$

となるか？という問題です．この一様収束，すなわち sup ノルムによる収束の概念は 1860 年頃に Weierstrass によって導入されました．彼はいわゆる Weierstrass 関数

$$f(x) = \sum_{n=1}^{\infty} a^n \cos(b^n \pi x)$$

の研究から，その極限関数の微分可能性を得るために一様収束の概念を導入します．そして 1870 年に有名な" 連続だが至る所で微分不可能な関数 "の例を与えています．実際，上の級数で

$$0 < a < 1, \ b は奇数, \ ab > \frac{3\pi}{2} + 1$$

とすればその例となります．

Fourier 級数の一様収束に関しては, Dirichlet-Jordan の定理の仮定のもとでは, 不連続点があるとき に 一様収束しないことが Gibbs 現象として知られています.

Gibbs 現象　　f は I で有界変動で $x = 0$ で不連続とします. $f(0) = 0$, $f(+0) = l > 0$, $f(-0) = -l$ とすると

$$\lim_{k \to \infty} S_k[f]\left(\frac{\pi}{k}\right) = \frac{2l}{\pi} \int_0^\pi \frac{\sin t}{t} dt = 1.1789 \cdots \times l$$

となる.

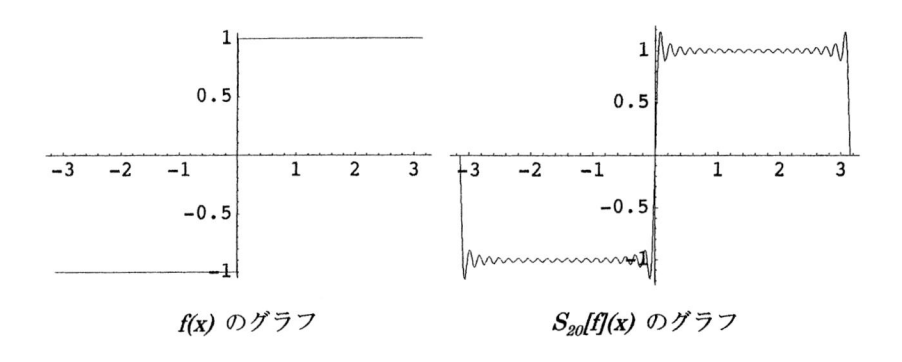

f(x) のグラフ　　　　　$S_{20}[f](x)$ のグラフ

このような関数について言えば, k が十分に大きいときに

$$|S_k[f]\left(\frac{\pi}{k}\right) - f\left(\frac{\pi}{k}\right)| \geq \frac{0.1798 \cdots \times l}{2}$$

となり, $S_k[f]$ は f に一様収束しません. ここで $x = 0$ は本質ではなく, 各不連続点で同じ現象が起きます. つまり不連続点の周りでは Fourier 級数は必ず一様収束しません.

一方, Fourier 級数が一様収束するための十分条件として, 次の定理が 1878 年に示されています.

定理（Dini-Lipschitz）　　f が I で連続のとき, その連続率を

$$\omega(\delta) = \sup_{|x-y|<\delta} |f(x) - f(y)|$$

で定めます.このとき
$$\lim_{\delta\to 0}\omega(\delta)\log\delta = 0$$
であれば $S_k[f]$ は f に一様収束する.

Riemann 積分　Fourier 係数を定義する積分は厳密なのでしょうか？　当然の疑問が生じます.また,Dirichlet-Jordan の定理を満たす有界変動な関数はどこまで拡張されるのでしょうか？　ジャンプの個数は無限個でもいいのでしょうか？　新たな問題が生じます.必然的に積分を厳密に定義することがどうしても必要となります.Dirichlet が,いわゆる Dirichlet 関数－有理点で 1,無理点で 0 をとる関数－を研究し,関数とは何か？その積分はできるのか？といった問題を考えたのにはこのような背景があります.

Fourier 自身は積分を単純に面積の概念で考えていました.因みに我々の使う
$$\int_a^b f(x)dx$$
の記号は Fourier の発明であり,たとえば Euler は
$$\int f(x)dx \begin{bmatrix} x=b \\ x=a \end{bmatrix}$$
などと書いていました.ちょっとの差で随分と便利になるものです.さて最初に厳密な定義を考えたのは Cauchy です.しかし Riemann 和の概念,すなわち,区間 $[a,b]$ を $a = x_0 < x_1 < x_2 < \cdots < x_n = b$ と分割し,適当な $x_{i-1} \leq \xi_i \leq x_i$ に対して
$$\sum_i f(\xi_i)(x_i - x_{i-1})$$
まで作りながら「弘法も筆の誤り」."連続関数は可積分である"を一様連続性を用いずに証明してしまいます.一様連続の概念が確立していませんでしたから無理もないのですが,25 年後の 1867 年に Riemann は一様連続の概念を取り入れ,「Riemann 積分」を完成させます.その後,測度論に基づいて Lebesgue は 1904 年にいわゆる Lebesgue 積分へと拡張します.このようにして,Fourier

係数を定義する積分は厳密化されました. Fourier 係数の大きさの n について
の挙動に関しては, 次の定理が有名です.

定理 (Riemann-Lebesgue)　f が I 上で可積分であれば
$$a_n, b_n \to 0 \quad (n \to \infty).$$

この定理の本質は Riemann によりますが, Lebesgue の名前が付いたのは積分
の拡張に伴うものです.

一意性の問題と集合論　今までは関数 f に対して, その Fourier 級数 $S[f]$
を考えてきましたが, f を忘れて

$$\frac{1}{2}a_0 + \sum_{n=1}^{\infty}(a_n \cos nx + b_n \sin nx) = \sum_{n=1}^{\infty} A_n(x)$$

$$A_0(x) = \frac{1}{2}a_0, A_n(x) = a_n \cos nx + b_n \sin nx \quad (n \geq 1)$$

の形をした級数 — 三角級数 — の性質を調べる研究も盛んになされます. 最初に注
目し, 基礎を研究したのは Riemann で, Riemann の第 1 定理, 第 2 定理とし
て知られています. ここでは第 2 定理を述べておきます.

上の三角級数に対して,

$$F(x) = \frac{1}{4}a_0 x^2 - \sum_{n=1}^{\infty} \frac{a_n \cos nx + b_n \sin nx}{n^2}$$

と定義します. $\sum 1/n^2 < \infty$ ですから, この関数は問題なく定義されます. ここ
で形式的に 2 回微分すれば元の三角級数に戻ることに注意して下さい. Riemann
の第 2 定理は次のように述べられます.

定理　$a_n, b_n \to 0 \,(n \to \infty)$ であれば

$$\frac{F(x+2h) + F(x-2h) - 2F(x)}{4h} \to 0 \quad (h \to 0)$$

と一様収束する.

1.5 厳密主義と Fourier 解析の発展

もし, $F(x)$ が 2 階微分可能な関数であれば

$$\frac{F(x+2h)+F(x-2h)-2F(x)}{4h} \to hF''(x) \to 0 \quad (h \to 0)$$

となるので, この定理は $F(x)$ が 2 階微分可能でなくとも, この性質を持つことを主張しています.

その後 Cantor により「一意性の問題」が研究され, 彼の集合論を萌芽させることになります. 上の三角級数が I で 0 に一様収束すれば, $a_n = b_n = 0$ でなければならないことは, Dirichlet により知られていましたが, 1870 年に Cantor と Lebesgue は次の定理を証明します.

定理 (Cantor-Lebesgue) I の正の測度をもつ部分集合 E の各点 x で, $A_n(x) \to 0\ (n \to \infty)$ であれば, $a_n, b_n \to 0\ (n \to \infty)$ である.

さらに Cantor は

定理 三角級数がすべての点で 0 に収束すれば, $a_n = b_n = 0$ である.

を示します. このことは, 可積分関数 f に対して, すべての点で収束する三角関数の表示は一意であることを意味します. では, この"すべての"のところをどれだけ弱められるでしょうか？ 除外点が適当に分布していれば一意性は保たれるに違いない. Cantor はこの除外集合の研究から, 導集合の概念や集合論・実数論を発展させていくことになります. Dedekind の「実数論」は 1872 年に, Cantor の「集合論」は 1874 年から 98 年にかけて発表されます.

19 世紀の Fourier 解析の発展を駆け足で展望してみました. Cauchy が唱えた厳密主義に基づく数学の基礎付けは, Fourier 解析の研究を足場にいかに多くの研究を萌芽させたかがわかります. Lagrange の危惧から 100 年. 無限小解析から始まった「解析」は微積分, 級数, 微分方程式, 集合, 数理物理, …を含む巨大な分野に成長しました.

1.6 関数解析の始まり

20世紀に入り「解析」はさらに巨大化し，このような総説的な文を書くことすら不可能になります．以下では，この本の後半につながる関数解析や群上の調和解析の歴史を簡単に振り返ることにしましょう．

20世紀初頭の数学の特徴を一言で言うとすれば，それは抽象化です．前節で述べたFourier解析では，どちらかと言うと個々の関数の級数展開やその収束性に関心があり，関数全体を考えるという概念はあまり強くありませんでした．たとえば，2乗可積分な関数に対するParsevalの等式は，適当な関数に対して1799年に

$$\frac{1}{\pi}\int_{-\pi}^{\pi}|f(x)|^2 dx = \frac{1}{2}a_0^2 + \sum_{n=1}^{\infty}(a_n^2 + b_n^2)$$

として得られていました．しかし，"2乗可積分な関数の全体"という概念はなく，ましてや $L^2(-\pi,\pi)$ などという記号はありませんでした．

関数の集まりを考える．このような発想はやはり1884年のCantorの集合論の影響を受けて萌芽したと言えます．その集合論に基づきBaireは不連続関数の分類を行い，一方Borelは測度論を展開します．さらにLebesgueはその測度論を一般化し，積分論を完成させます．このようにして個々の関数から関数の集まりを対象とするようになっていきます．そしてFourier解析は関数解析へと発展します．

ある特徴を持った関数全体を考え，そこに空間的・位相的な形態を付加し，幾何学的に問題を把握し解決する．この新しい手法が関数解析です．Hilbertは積分方程式の解法に，未知関数のFourier級数展開を用います．そしてその係数の決定に際して，無限連立1次方程式を考えます．前述のFourierが熱伝導の問題を解いたときにも現れました．この連立1次方程式の解法においてHilbertは

$$\sum_{n=1}^{\infty}|a_n|^2 < \infty$$

となる数列の全体 l^2 に注目します．そして二つの数列 $a = \{a_n\}, b = \{b_n\} \in l^2$

に対してその内積を
$$\langle a,b \rangle = \sum_{n=1}^{\infty} a_n \bar{b}_n$$
と定義します.これは Euclid 空間の無限次元への拡張であり,1910 年頃に彼はその基礎の理論を作ります.F. Riesz は数列の空間 l^2 を関数の空間 $L^2(-\pi, \pi)$ へと拡張します.ここで上述の Parseval の等式の両辺の意味が明らかになりました.すなわち,等式は
$$L^2(-\pi, \pi) \cong l^2$$
なる Hilbert 空間としての同型を意味しています.

Frechét, F. Rieze, Fischer は Hilbert 空間の理論をさらに研究し,可分性や完備性に注目します.そして上述の同型対応の一般化として有名な次の定理に到達します.

(X, μ) を測度空間とし,$L^2(X)$ を X 上の 2 乗可積分な関数の全体とします.その内積を
$$\langle f, g \rangle = \int_X f(x) \bar{g}(x) d\mu(x)$$
と定め,f のノルムを $\|f\|^2 = \langle f, f \rangle$ とします.いま $\{\phi_n\}$ を $L^2(X)$ の正規直交系—互いに直交し,ノルムが 1 の可算集合—としたとき,$f \in L^2(X)$ の展開係数は
$$c_n = \langle f, \phi_n \rangle$$
で与えられます.このとき
$$\sum_{n=1}^{\infty} |c_n|^2 \le \|f\|^2 \quad (\text{Bessel の不等式})$$
が成立します.さらに
$$\sum_{n=1}^{\infty} |c_n|^2 = \|f\|^2 \quad (\text{Parseval の等式})$$
となることは,$\{\phi_n\}$ が完備,すなわち稠密な集合となることと同値であることがわかります.以下,$L^2(X)$ は可分,すなわち稠密な可算集合が存在するとしましょう.

定理（F. Riesz-Fischer） $L^2(X)$ の完備正規直交系を $\{\phi_n\}$ とします．任意の $f \in L^2(X)$ に対して，その展開係数 $\{c_n\}$ は l^2 に属し，Parseval の等式が成立する．逆に任意の $\{c_n\} \in l^2$ に対して，それを展開係数にもつ $L^2(X)$ の要素がただ一つ存在する．

この定理は，可分な $L^2(X)$ はすべて l^2 と Hilbert 空間として同型

$$L^2(X) \cong l^2$$

であることを意味しますが，同時に $L^2(X)$ での Fourier 級数展開を意味します．すなわち，$f \in L^2(X)$ に対して

$$f = \sum_n \langle f, \phi_n \rangle \phi_n$$

なる Fourier 級数展開の一般化が成り立ちます．

以後，研究の対象は Hilbert 空間から Banach 空間へと拡大されていきます．M. Riesz は $L^p(\boldsymbol{R})$ や l^p の双対性を研究します．さらに，1920 年頃になると，Banach, Hahn の一連の仕事が始まり，汎関数や線形作用素が位相的・代数的手法により解析されていきます．

話題を Fourier 級数の収束などの問題に限ると，1920 年頃のこの時期は Hardy-Littlewood が精力的に仕事をします．Zygmund いわく，"実質的にほとんどの話題をさらってしまった"．とくに彼らが導入したいわゆる Hardy-Littlewood の最大関数は，作用素の有界性などを調べるときの強力な手法となります．そして，その一般化は 70 年代以降の Hardy 空間の解析に本質的な役割を演じます．ここでは周期関数の場合にその形を述べておきましょう．

f を周期 2π の可積分関数とすると，その最大関数は

$$M_f(x) = \sup_{0 < |t| \leq \pi} \frac{1}{t} \int_0^t |f(x+t)| dx$$

によって定義されます．このとき

定理（Hardy-Littlewood）

(1) $1 < p \leq \infty$ とすると，すべての $f \in L^p(-\pi, \pi)$ に対して
$$\int_{-\pi}^{\pi} M_f^p(x)dx \leq 4\left(\frac{p}{p-1}\right)^p \int_{-\pi}^{\pi} |f(x)|^p dx,$$

(2) $p = 1$ のとき，すべての $f \in L^1(-\pi, \pi)$ に対して
$$|\{x; M_f(x) > \alpha, 0 \leq x \leq 2\pi\}| \leq \frac{4}{\alpha}\int_{-\pi}^{\pi}|f(x)|dx.$$

ここで，(2) の左辺の $|\cdot|$ は集合の測度（長さ）を表します．もし，M を
$$M: f \mapsto M_f$$
なる対応—作用素—と考えたとき，M は最大作用素と呼ばれます．上の定理は $p > 1$ のとき，M が強 L^p 有界，$p = 1$ のとき，M が弱 L^1 有界な作用素となることを意味します．

Parseval の等式の L^p 版としては，次の定理が証明されます．

定理（Hausdorff-Young）　$1 < p \leq 2$ とし，$q = p/(p-1)$ とします．

(1) $f \in L^p(-\pi, \pi)$ に対して，その Fouirer 係数を
$$c_n = \frac{1}{2\pi}\int_{-\pi}^{\pi} f(x)e^{-inx}dx$$
と定めれば
$$\left(\sum_{n=-\infty}^{\infty} |c_n|^q\right)^{1/q} \leq \left(\frac{1}{2\pi}\int_{-\pi}^{\pi}|f(x)|^p dx\right)^{1/p}$$
が成立する．

(2) 数列 $\{c_n\}$ が
$$\sum_{n=-\infty}^{\infty}|c_n|^p < \infty$$
であれば，ある $f \in L^q(-\pi, \pi)$ が存在し
$$\left(\frac{1}{2\pi}\int_{-\pi}^{\pi}|f(x)|^q dx\right)^{1/q} \leq \left(\sum_{n=-\infty}^{\infty}|c_n|^p\right)^{1/p}$$

である.

この両方の不等式は $p=q=2$ のとき一致し等式となります. 実際, $p=q=2$ の場合は, Euler の公式に注意すれば, Parseval の等式に他ならないことがわかります.

ところで F. Riesz はこの定理を可分な Hilbert 空間 $L^p(X)$ の完備正規直交系による展開の場合に拡張します. このとき, 彼は Hausdorff-Young とは異なった別証明として補間法を用いた証明を与えます. そして, この手法は Marcinkiewicz によって一般化され, 以後, 関数解析の強力な武器となります.

この補間法は次のような形で述べられます. いま, $L^p(X)$ から $L^q(X)$ への準線形作用素

$$T : L^p(X) \to L^q(X)$$

が与えられているとします. ここで T が準線形であるとは

$$|T(f+h)| \leq |T(f)| + |T(h)|$$

を満たすことです. また, T が強 (p,q) 型であるとは, すべての $f \in L^p(X)$ に対して

$$\|T(f)\|_q \leq K \|f\|_p$$

となる K がとれることであり, 弱 (p,q) 型であるとは

$$|\{x; T(f)(x) > \alpha, 0 \leq x \leq 2\pi\}| \leq K (\|f\|_p)^{1/q}$$

となることです. ここで各 K の下限をそれぞれ T のノルムとします. このとき

定理（Marcinkiewicz） $0 \leq \beta_i \leq \alpha_i \leq 1$ $(i=1,2)$, $\beta_1 \neq \beta_2$ とします. いま準線形作用素 T が, 各 $i=1,2$ に対して, 弱 $(1/\alpha_i, 1/\beta_i)$ 型で, そのノルムが K_i であるとしましょう. このとき, 任意の

$$\alpha = (1-t)\alpha_1 + t\beta_1, \quad \beta = (1-t)\alpha_2 + t\beta_2 \quad (0 < t < 1)$$

に対して, T は強 (α, β) 型となり, そのノルムは

$$K_1^{1-t} K_2^t$$

の定数倍で与えられる．

この補間法により，いろいろな作用素の有界性の証明が大幅に簡略化されました．

この時期に得られた関数解析のもう一つの強力な手法として，いわゆる「複素変数による手法」(complex variable method) があります．Paley により始められたこの手法は，Fourier 級数 $\sum_{n=-\infty}^{\infty} c_n e^{inx}$ に対して，複素関数

$$F(z) = \sum_{n=0}^{\infty} c_n z^n$$

を対応させる方法です．これにより複素関数論の豊富な結果，たとえば Blaschke 積などを用いることが可能となります．この手法は Luzin を中心とするロシア学派に受け継がれていきます．また，この複素関数 $F(z)$ 用いることにより，F. Riesz は単位円板 $D = \{|z| < 1\}$ 上の Hardy 空間

$$H^p(D) = \left\{ F : D \to \boldsymbol{C}; F \text{ は } D \text{ 上の正則関数で} \sup_{0<r<1} \int_{-\pi}^{\pi} |f(re^{i\theta})|^p d\theta < \infty \right\}$$

を定義します．さらに関連する話題として Paley-Wiener はコンパクトな台をもつ C^∞ 関数の Fourier 変換像を指数型正則関数のクラスを考えることにより決定します．

Fourier 級数が登場してから，約 100 年．1930 年頃に Fourier 解析に関する研究の集大成とも言えるべき本が出版されます．一つは Zygmund の「三角級数」(Trigonometric Series) であり，もう一つは Bochner の「Fourier 積分」(Vorlesungen über Fouriesche Integrale) です．この 2 冊は今日でも多くの研究者が利用している名著です．

先にも述べましたが，Luzin は共役級数の研究から，1913 年に " L^2 関数の Fourier 級数はほとんど至る所で収束する " と予想を立てます．この予想は大問題となり証明はなかなか得られませんでしたが，1966 年に Carleson によって肯定的に解決されます．このとき，彼が用いた道具は，Parseval の等式，共役級

数, Hardy-Littlewood の最大関数, 部分和で定義される最大関数, 補間法, 等々であり, まさに Fourier 解析の集大成のような証明でした.

1.7　群上の調和解析

前節までは Fourier 解析, 主に Fourier 級数を中心にその歴史を振り返ってきました. Fourier 級数は周期 2π の関数を三角関数の和に展開する理論でしたが, 周期性を持たない実数直線上の関数に対する理論が Fourier 積分の理論です. f を実数直線上の可積分関数としたとき, その Fourier 変換は

$$\hat{f}(\lambda) = \frac{1}{\sqrt{2\pi}} \int_{-\infty}^{\infty} f(x) e^{-ix\lambda} dx$$

によって定義されます. このとき, Fourier 級数の諸定理に対応して多くの同様の結果が得られています. たとえば, f が $x = x_0$ の近傍で有界変動であり, かつ $f(x)/x$ が $|x|$ の大きいとき可積分であれば

$$\frac{1}{2}(f(x_0+0) + f(x_0-0)) = \lim_{A \to \infty} \frac{1}{\pi} \int_{-\infty}^{\infty} f(x) \frac{\sin A(x-x_0)}{x-x_0} dx,$$

$$\frac{1}{2}(f(x_0+0) + f(x_0-0)) = \lim_{A \to \infty} \frac{1}{\pi} \int_0^A \left(\int_{-\infty}^{\infty} f(x) \cos A(x-x_0) dx \right) dt$$

が成立します. 前者を Fourier の単項積分定理, 後者を Fourier の2重積分定理と呼びます. とくに f が上の仮定を満たすとき, 逆変換公式

$$\frac{1}{2}(f(x_0+0) + f(x_0-0)) = \frac{1}{\sqrt{2\pi}} \lim_{A \to \infty} \int_{-A}^{A} f(x) e^{ixn} dx$$

が成立します. Riemann-Lebesgue の定理も同様に成立して

$$\hat{f}(\lambda) \to 0 \quad (|\lambda| \to \infty)$$

となります. また, f が2乗可積分関数のとき, Parseval の等式の類型として

$$\int_{-\infty}^{\infty} |\hat{f}(\lambda)|^2 d\lambda = \int_{-\infty}^{\infty} |f(x)|^2 dx$$

が成立します．この定理は 1912 年に Plancherel によって示されたので，Plancherel の公式とも呼ばれます．

このように Fourier 変換の諸性質は Fourier 級数との多くの類似点を持ちますが，一体何故でしょうか？ 実数直線上の関数を周期無限大の周期関数と見なすことにより，この類似性をある程度は説明できますが，厳密ではありません．この答えを与えるのが，群の表現を用いた Fourier 解析の解釈です．そしてこの群の表現は新たな解析として，「群上の調和解析」を萌芽させます．

周期 2π の周期関数はトーラス $\boldsymbol{T} = \boldsymbol{R}/\boldsymbol{Z}$ 上の関数と見なすことができます．したがって，Fourier 級数は $\boldsymbol{T}$ 上の，一方 Fourier 変換は $\boldsymbol{R}$ 上の解析と見なすことができます．この $\boldsymbol{T}$ と $\boldsymbol{R}$ は局所コンパクト Abel 群（2.2.1 項参照）ですから，局所コンパクト Abel 群上でも同様の解析が期待できます．逆に局所コンパクト Abel 群上で一般論ができれば，Fourier 級数と Fourier 変換の理論はその特殊ケースとなり，それらを共通の枠組みで解釈することが可能になります．

以下，群上の調和解析の歴史を簡単に振り返りますが，"表現" を始め，未知の言葉がたくさん出てきます．とりあえずは雰囲気を理解してください．2 章を読み終えた後で，読み返せばきっと理解できます．

有限 Abel 群 G の基本定理，すなわち，位数 p^n の群は巡回部分群の直積に分解される，という構造定理は 1870 年頃に Kronecker や Frobenius によって確立しました．その後，有限生成 Abel 群，Abel p 群などの構造がわかってきます．Abel 群 G の各要素 a に絶対値 1 の複素数 $\chi(a)$ を対応させ

$$\chi(ab) = \chi(a)\chi(b) \quad (a, b \in G)$$

が満たされるとき，χ を G の指標と呼びます．1900 年頃に Frobenius と弟子の Schur は有限群の指標に注目しその理論を完成させます．とくに指標を用いた G 上の関数の展開公式 (2.1.2 項参照) を得ました．Fourier 級数展開の有限版です．次に Weyl はコンパクト群の既約表現や指標公式を決定します．そして，1927 年にコンパクト群上の L^2 Fourier 級数の理論として Peter-Weyl の定理（3.2.1 項参照）を得ます．1930 年代になると Pontrjagin が局所コンパク

ト Abel 群への拡張を試み,その構造定理や双対性が示されます.そして局所コンパクト Abel 群の上の Fourier 解析は,1940 年に Weil によってまとめられます.これにより Fourier 級数と Fourier 変換は一つの視点から眺められるようになったのです.

基本的な考え方として,T と R 上の Fourier 解析が次のような枠組みで G 上の Fourier 解析に拡張されます.

T, R	$\to$	G
e^{inx}, $e^{i\lambda x}$	$\to$	G のユニタリー表現とその指標
Lebesgue 測度 $d\theta$, dx	$\to$	G 上の Haar 測度
Z 上の点測度, Lebesgue 測度 $d\lambda$	$\to$	$\hat{G}$ 上の Plancherel 測度

ここで,$\hat{G}$ は G の既約ユニタリー表現の同値類の全体で,ユニタリー双対と呼ばれます.G が Abel 群のときは,その既約ユニタリー表現はすべて 1 次元であり,G がコンパクト群のときは,すべて有限次元となります.

Abel 群,コンパクト群の次に,非コンパクト,非 Abel な局所コンパクト群 G に対して,上の枠組みで Fourier 解析を拡張しようと試みるのは自然な流れです.G 上の不変測度の存在と一意性については,Haar, von Neumann, Weil による結果が知られていましたが (2.2.2 項参照),G の既約ユニタリー表現については,未開拓の課題でした.その分類,すなわちユニタリー双対 $\hat{G}$ の決定が最大の問題となります.とくに,G が一般の局所コンパクト群のときは,無限次元の表現が現れ問題が複雑になります.このような無限次元表現を最初に扱ったのは物理学における研究で,1939 年に Wigner が Lorentz 群のユニタリー表現を調べています.そして 1947 年に二つの重要な結果が得られます.一つは Gelfand-Naimark による $SL(2, C)$ の場合の $\hat{G}$ の決定であり,もう一つは Bargmann による $SL(2, R)$ の場合の $\hat{G}$ の決定です.これにより,これらの群の上での Fourier 解析がスタートします.

その後,Gelfand-Naimark は複素半単純 Lie 群のユニタリー表現論を完成させ,Harish-Chandra は半単純 Lie 群に対して多くの結果を導き,上の枠組みを完成させます.今日においても個々の群で Fourier 解析を行う研究と,それを基に一般論を構築する研究が平行して行われてきています.そして位相群や多

様体, 群の表現, 群上の調和解析は大きな研究課題の一つとなっています.

本書の以下の章では, 多くの例を通してその面白さを展望しましょう.

1.8 ウェーブレット変換の登場

Fourier 解析は, その理論の精密化の過程において, 数学の発展に大きく寄与しました. さらには数論や量子力学を始めとする多くの他の分野においても, その威力を存分に発揮しました. また実用的・応用的側面も持ち合わせており, Fourier 解析は理工学の必須の理論となっています. このような広汎に及ぶ有効性を述べることは本書の目的ではありませんが, 応用上 Fourier 解析がいつでも有効かと言うとそうではありません. ここでは Fourier 変換の弱点とそれを改善するために登場したウェーブレット変換について述べることにします.

自然現象や社会現象に現れる色々な量は変化します. この量の時間的・空間的変化を「信号」と呼びます. 音や電流は 1 次元信号であり, 画像は 2 次元信号となります. この信号をいかに記述したら良いでしょうか? その答えの一つは基本的な調和振動

$$e^{inx}, \quad e^{i\lambda x}$$

を使って分解して記述することです. すなわち, 信号の Fourier 係数や Fourier 変換に求めることに他なりません. そして, 分解した信号を再生するには, それぞれの逆変換公式を用いれば良いのです. このようにして信号を把握することを,「信号解析」と呼びます.

Fourier 変換を信号解析に利用する際に, 二つの問題が生じます. いま信号, すなわち, 与えられた関数 f がある点 x_0 の周りに局在している場合を考えましょう. 最初の問題点は, f が局在しているのに, その Fourier 変換を求めるために無限区間で積分しなければならない点です. 積分の計算で無駄が多くなります. 次の問題点は「不確定性原理」と呼ばれる Fourier 変換の性質です. この性質は次のように述べられます.

関数 f の平均を

$$m_f = \frac{\int_{-\infty}^{\infty} x|f(x)|^2 dx}{\|f\|_2^2}$$

で定めます.

定理（不確定性原理） f^2, xf^2, x^2f^2 は可積分とし，さらに $\lambda\hat{f}^2, \lambda^2\hat{f}^2$ も可積分とします．このとき

$$\int_{-\infty}^{\infty}(x-m_f)^2|f(x)|^2 dx \cdot \int_{-\infty}^{\infty}(\lambda-m_{\hat{f}})^2|\hat{f}(\lambda)|^2 d\lambda \geq \frac{1}{4}\|f\|_2^4$$

が成立する．

この定理の名前の由来は，Heisenberg が量子力学における不確定性，すなわち，粒子の位置と運動量の測定を同時に精密化することはできないことの説明に上の定理を用いたことによります．さて，何故この定理が応用上都合が悪いのでしょうか？　信号 f は局在していましたが，極端な例として，定理の仮定は満たしませんが，f が x_0 におけるデルタ関数，あるいはそれに近い関数としてみましょう．すると $m_f \sim x_0$ となり，左辺の最初の積分の値は小さくなります．右辺は下から押さえられていますから，不等式が成立するためには左辺の2番目の積分の値は大きくなくてはなりません．このことは $\hat{f}$ が f のように局在することができないことを意味します．すなわち，局在する信号を記述すると，局在せずに広がってしまうのです．このことは応用上都合が良くありません．

これらの応用上の難点を克服するための研究は 1930 年頃から始められています．その一つは窓 Fourier 変換とか短時間 Fourier 変換と呼ばれているもの

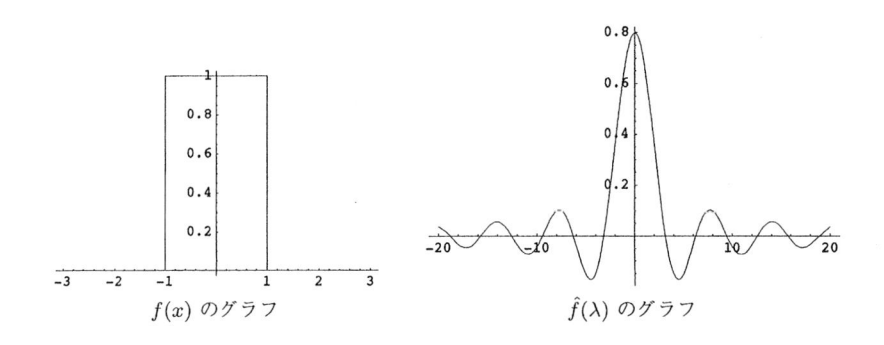

$f(x)$ のグラフ

$\hat{f}(\lambda)$ のグラフ

1.8 ウェーブレット変換の登場

で，ある程度に局在した関数（窓）$w(x)$ を選び，

$$\hat{f}(b,\lambda) = \frac{1}{\sqrt{2\pi}} \int_{-\infty}^{\infty} w(x-b)f(x)e^{-i\lambda x}dx$$

と定義します．この窓を付けることにより，無限区間に及ぶ積分の計算の無駄を減らすことができます．しかし，不確定性原理には依然として縛られます．

1982 年にフランスの石油探索技師の Morlet は，適当な条件を満たす ψ に対して

$$(W_\psi f)(a,b) = \frac{1}{\sqrt{|a|}} \int_{-\infty}^{\infty} f(x)\bar{\psi}\left(\frac{x-b}{a}\right)dx$$

によって定義される変換を考え，その変換が応用上有効であることを実証します．この変換がウェーブレット変換と呼ばれるもので（まえがきの質問 4 と形が違うことに注意してください．同値性は 5 章で調べます），その逆変換は

$$f(x) = \frac{1}{c_\psi} \int_{-\infty}^{\infty} \int_{-\infty}^{\infty} (W_\psi f)(a,b)\frac{1}{\sqrt{|a|}}\psi\left(\frac{x-b}{a}\right)\frac{dadb}{a^2}$$

で与えられます（4.8 節 (4)，5.2.4 項参照）．この変換は信号の形に応じて，ψ をうまく選ぶことにより，Fourier 変換の二つの難点を克服できることが知られています．近年，その応用は盛んに研究されています．

何でウェーブレット変換が群上の調和解析なの？と思われることと思います．ところが，1985 年頃に Grossmann と Morlet はこの変換も群上の調和解析の枠組みで説明できることを指摘します．

最後に「調和解析」という言葉についてコメントしておきましょう．Fourier 係数や Fourier 変換の定義の中に

$$e^{-inx}, \quad e^{-i\lambda x}$$

が出てきます．これらは，ラプラシアン

$$\Delta = \frac{d^2}{dx^2}$$

の固有関数で，調和振動と呼ばれます．したがってそれぞれの展開公式

$$f(x) = \sum_{n=-\infty}^{\infty} \langle f, e^{inx}\rangle e^{inx}, \quad f(x) = \frac{1}{\sqrt{2\pi}}\int_{-\infty}^{\infty} \hat{f}(\lambda)e^{i\lambda x}d\lambda$$

は与えられた関数 $f(x)$ を調和振動の和や積分,すなわち重ね合わせによって表すことに他なりません.この視点から,Fourier 解析は調和解析 (Harmonic Analysis) とも呼ばれます.とくに位相群の上で議論する場合はその傾向が強く,「群上の調和解析」とか「抽象調和解析」,あるいは群が非可換であれば,「非可換調和解析」などと呼ばれます.しかし明確な定義があるわけではありません.Katznelson のテキストの序文の言葉を借りれば

"調和解析とは位相群の上の対象(関数や測度など)を研究する学問であり,二つの側面をもつ.一つは対象の基本的な要素を見つけることであり (Spectral Analysis) もう一つは対象をその要素を用いて構成する方法を見つけることである (Spectral Synthesis)"

非常に明快な定義ですが,極端に範囲を広げると「解析」と同義語ぐらいになってしまうのが問題です.

前節で「複素変数による手法」について触れましたが,70 年代になると「実変数による手法」(real variable method) が再び注目されます.Hardy 空間など複素変数を用いて定義した空間が,最大関数などの実変数だけを用いた議論で定義できることがわかってきます.最大関数,Hardy 空間,アトム分解,補間法,重み付きノルム不等式,擬微分作用素,特異積分,振動積分などの多くの理論が今日まで盛んに研究されています.Fourier 解析と同様に,これらの理論も位相群を含む一般の空間への拡張が試みられています.たとえば,コンパクト群や Heisenberg 群を含む「等質型空間」というクラスの上では,最大関数の理論や Hardy 空間の理論が拡張されています.これらの分野は,以前は実解析,関数解析,作用素論などと分かれて呼ばれていましたが,最近は「調和解析」と呼ぶことが多くなってきています.

これらすべての「調和解析」を解説するのは本書では至難です(いつかは試みたいと思っていますが).一応,以下の章での「群上の調和解析」は,位相群の上での Fourier 解析,とくに L^2 解析の意味とします.

2

位相群と表現論

　Fourier 級数と Fourier 変換の理論, すなわち $\boldsymbol{T}$ と $\boldsymbol{R}$ 上の解析を一般の位相群 G の上へ拡張するのが群上の調和解析の目標でした. でも "位相群て何なの？" と思われることでしょう. そこで, 最初にその対象とする位相群 G について, 一般論を説明することにしましょう. そのためには群と位相についての基礎から復習します. 次に有限 Abel 群の指標の理論を思い出し, その指標の概念を局所コンパクト群の表現まで拡張します. それを用いた Fourier L^2 解析については第3章で扱います.

2.1　群と位相の基礎知識

2.1.1　群

　空でない集合 G が**群**であるとは, G の任意の二つの要素 a, b に対して, その積と呼ばれる G の要素 c が一意に定まり, それを $c = ab$ と書いたとき

(1)　$a(bc) = (ab)c$

(2)　G の任意の二つの要素 a, b に対して

$$ax = b \text{ および } ya = b$$

となる G の要素 x, y が一意に存在する.

が満たされることです. (2) の条件は, すべての要素 a に対して, $ae = ea = a$ となる単位元 e の存在と, $aa^{-1} = a^{-1}a = e$ となる a の逆元 a^{-1} の存在の2条件と同値になります. とくに, $ab = ba$ が成り立つとき, G を **Abel 群**ある

いは**可換群**と呼びます.

G の空でない部分集合 H が G と同じ積で群となるとき, G の**部分群**といいます. また $Ha = \{ha; h \in H\}$ で定義される G の部分集合を H に関する**左剰余類** と呼びます. **右剰余類** aH についても同様です. とくに, すべての要素 $a \in G$ に対して $Ha = aH$ が成り立つとき, H は G の**正規部分群**と呼ばれます. このとき, 左右の剰余類は一致し, Ha と Hb の積を Hab とすることにより, 剰余類全体は群となります. この群は G の H を法とする**剰余群**と呼ばれ,

$$G/H$$

と書かれます.

二つの群 G, G' の間の写像 $f: G \to G'$ が

$$f(ab) = f(a)f(b) \quad (a, b \in G)$$

を満たすとき, **準同型写像**といいます. このとき, $f(a) = e$ となる G の要素全体を f の**核**といい, $\mathrm{Ker} f$ と書きます. この $\mathrm{Ker} f$ は G の正規部分群になります. また, $f(a)$ $(a \in G)$ なる G' の要素全体を f の**像**といい, $\mathrm{Im} f$ あるいは簡単に $f(G)$ と書きます. $f(G)$ は G' の部分群となります. $\mathrm{Ker} f = \{e\}$ のとき, f は単射, あるいは " 1 対 1 " と呼ばれ, $f(G) = G'$ のとき, f は全射, あるいは " 上への写像 " と呼ばれます. とくに f が全単射, すなわち, 1 対 1 で上への写像であるとき, f は**同型写像**と呼ばれます. このとき G と G' は同型であるといい,

$$G \cong G'$$

と書かれます. 一般には準同型定理より,

$$f(G) \cong G/\mathrm{Ker} f$$

が成立します.

G と G' の直積集合

$$G \times G' = \{(g, g'); g \in G, g' \in G'\}$$

は，その要素の積を

$$(a,b)(a',b') = (aa', bb')$$

と定義することにより群となります．この群を G と G' の**直積群**と呼び，

$$G \times G'$$

と書きます．また，G の自己同型写像，すなわち，$G \to G$ なる同型写像の全体を $\mathrm{Aut}(G)$ と書き，$\alpha : G' \to \mathrm{Aut}(G)$ なる準同型写像を一つ固定します．ここで

$$(a,b)(a',b') = (a(\alpha(b)a'), bb')$$

と積を定めた直積集合を G と G' の**半直積群**といい

$$G \times_\alpha G'$$

と書きます．このとき，$G \cong G \times \{e\}$ は正規部分群になります．

2.1.2 有限 Abel 群上の調和解析

群のなかで一番構造が簡単なのは，要素が有限個からなる Abel 群，**有限 Abel 群**です．Frobenius が示したように，この群の上では指標を用いることにより，調和解析が可能となります．ここでは良く知られた結果を紹介しますが，終わりに付けた $G = \boldsymbol{Z}_3$ の例を参照しながら内容を良く理解してください．この理論の一般化が以降の目標となります．

G を有限 Abel 群とします．G から $\boldsymbol{C}^\times = \boldsymbol{C} - \{0\}$ への準同型写像を G の**指標**といい，その全体を $\hat{G}$ と書きます．すなわち

$$\hat{G} = \{\chi : G \to \boldsymbol{C}^\times, \chi(ab) = \chi(a)\chi(b) \quad (a,b \in G)\}$$

です．容易に $\chi(e) = 1$ となることがわかります．また，G の位数を $|G| = n$ とすれば，すべての $a \in G$ に対して $a^n = e$ ですから，$\chi(a)^n = 1$ となり $\chi(a)$ の値は 1 の n 乗根となります．とくに，すべての $a \in G$ に対して $\chi(a) = 1$ とすると指標になります．この指標を恒等指標といい，χ_e と書くことにしましょう．ここで二つの指標 χ_1, χ_2 の積を

$$(\chi_1 \cdot \chi_2)(g) = \chi_1(g)\chi_2(g) \quad (g \in G)$$

で定めることにより，$\hat{G}$ は群となります．χ_e は $\hat{G}$ の単位元となります．このとき，以下の定理が成立します．

定理（双対定理）
$$G \cong \hat{G}.$$

定理（直交関係）

(1)
$$\sum_{g \in G} \chi(g) = \begin{cases} |G| & (\chi = \chi_e), \\ 0 & (\chi \neq \chi_e) \end{cases}$$

(2)
$$\sum_{\chi \in \hat{G}} \chi(g) = \begin{cases} |G| & (g = e), \\ 0 & (g \neq e) \end{cases}$$

系

(1)
$$\frac{1}{|G|} \sum_{g \in G} \chi_1(g)\chi_2(g^{-1}) = \begin{cases} 1 & (\chi_1 = \chi_2), \\ 0 & (\chi_1 \neq \chi_2) \end{cases}$$

(2)
$$\frac{1}{|G|} \sum_{\chi \in \hat{G}} \chi(g_1)\chi(g_2^{-1}) = \begin{cases} 1 & (g_1 = g_2), \\ 0 & (g_1 \neq g_2) \end{cases}$$

さて G と $\hat{G}$ 上の関数空間を

$$L(G) = \{f : G \to \boldsymbol{C}\}, \quad L(\hat{G}) = \{f : G \to \boldsymbol{C}\}$$

と定めます．どちらの場合も有限個の要素に複素数を対応させるのが関数になります．さらに，これらの空間の内積をそれぞれ

$$\langle f, h \rangle_{L(G)} = \frac{1}{|G|} \sum_{g \in G} f(g)\bar{h}(g)$$

2.1 群と位相の基礎知識

$$\langle \phi, \psi \rangle_{L(\hat{G})} = \frac{1}{|G|} \sum_{\chi \in \hat{G}} \phi(\chi) \bar{\psi}(\chi)$$

と定義しましょう．各要素のノルムもこの内積により定義します．ここで，$f \in L(G)$ の **Fourier 変換**を

$$\hat{f}(\chi) = \frac{1}{\sqrt{|G|}} \sum_{g \in G} \bar{\chi}(g) f(g)$$

と定義します．$\hat{f} \in L(\hat{G})$ であり，この Fourier 変換は $L(G)$ から $L(\hat{G})$ への写像となります．このとき次の定理が成立します．

定理

(1) Fourier 変換 $f \to \hat{f}$ は $L(G) \cong L(\hat{G})$ の同型を与える．とくに

$$\|f\|_{L(G)} = \|\hat{f}\|_{L(\hat{G})} \quad \text{(Plancherel の公式)}$$

が成立する．

(2) 任意の $f \in L(G)$ に対して

$$\begin{aligned} f(g) &= \frac{1}{\sqrt{|G|}} \sum_{\chi \in \hat{G}} \chi(g) \hat{f}(\chi) \\ &= \sum_{\chi \in \hat{G}} \langle f, \chi \rangle_{L(G)} \chi(g) \quad \text{(逆変換公式)} \end{aligned}$$

が成立する．

例 $G = \mathbf{Z}_3$

位数 3 の巡回群の場合を考えてみましょう．すなわち

$$G = \{1, e^{2\pi i/3}, e^{4\pi i/3}\} = \{e, g_1, g_2\}$$

です．このとき，$\hat{G} = \{\chi_e, \chi_1, \chi_2\}$ は次のように与えられます．

	e	g_1	g_2
χ_e	1	1	1
χ_1	1	$e^{2\pi i/3}$	$e^{4\pi i/3}$
χ_2	1	$e^{4\pi i/3}$	$e^{2\pi i/3}$

指標の直交関係を調べてみましょう.

$$\sum_{g\in G}\chi_e(g) = 1+1+1 = 3,$$

$$\sum_{g\in G}\chi_1(g) = \sum_{g\in G}\chi_2(g) = 1 + e^{2\pi i/3} + e^{4\pi i/3} = 0$$

となります. 次に f の Fourier 変換, Plancherel の公式, 逆変換公式を調べてみましょう. いま, f を

$$f(e) = a, \quad f(g_1) = b, \quad f(g_2) = c$$

なる G 上の関数とします. その Fourier 変換は

$$\hat{f}(\chi_e) = \frac{1}{\sqrt{3}}(a+b+c)$$

$$\hat{f}(\chi_1) = \frac{1}{\sqrt{3}}(a + e^{-2\pi i/3}b + e^{-4\pi i/3}c)$$

$$\hat{f}(\chi_e) = \frac{1}{\sqrt{3}}(a + e^{-4\pi i/3}b + e^{-2\pi i/3}c)$$

となります. このとき, Plancherel の公式

$$\langle f,f\rangle_{L(G)} = \langle \hat{f},\hat{f}\rangle_{L(\hat{G})} = \frac{1}{3}(|a|^2+|b|^2+|c|^2)$$

が成立します. また, 逆変換公式は

$$f(g) = \frac{1}{\sqrt{3}}\left(\hat{f}(\chi_e)\chi_e(g) + \hat{f}(\chi_1)\chi_1(g) + \hat{f}(\chi_2)\chi_2(g)\right)$$
$$= \frac{1}{3}\Big\{a\left(\chi_e(g) + \chi_1(g) + \chi_2(g)\right)$$
$$+ b\left(\chi_e(g) + e^{-2\pi i/3}\chi_1(g) + e^{-4\pi i/3}\chi_2(g)\right)$$
$$+ c\left(\chi_e(g) + e^{-4\pi i/3}\chi_1(g) + e^{-2\pi i/3}\chi_2(g)\right)\Big\}$$

となることがわかります．実際, $g = e, g_1, g_2$ として，等式が成立することを確かめてください．

2.1.3 有限群上の調和解析

あれ，前と同じ表題じゃないの？と思わないでください．" Abel "の文字が落ちています．これだけのことですが，議論は前と比べて相当複雑になります．この項ではどこがどのように変わるかを簡単に述べますが，後の項で重要となる「群の表現」の基本形が現れますので，注意してください．

G を有限群とします．G が Abel 群のときは，その指標，すなわち，G から $\boldsymbol{C}^\times$ への準同型写像 χ が重要な役割を演じました．G が一般の有限群のときは，G から $GL(n, \boldsymbol{C})$ への準同型写像 T がポイントとなります．すなわち

$$GL(n, \boldsymbol{C}) = \{A\,; n \times n \text{ 複素行列で，正則}\}$$

とし，

$$T : G \to GL(n, \boldsymbol{C}), \quad T(ab) = T(a)T(b) \quad (a, b \in G)$$

となります．このような T を G の**表現**といいます．n をその**次元**といい，$n = d(T)$ と書くことにしましょう．とくに $GL(n, \boldsymbol{C})$ を n 次ユニタリー行列の全体

$$U(n) = \{A\,; n \times n \text{ 複素行列で}, A^*A = {}^*AA = I\}$$

に置き換えたとき（$^*A$ は ${}^t\bar{A}$ です），すなわち

$$T : G \to U(n), \quad T(ab) = T(a)T(b) \quad (a, b \in G)$$

を G の**ユニタリー表現**といいます．$n = 1$ のときは，$U(1) \subset \boldsymbol{C}^\times$ となりますから，ユニタリー表現 T は先の指標となります．ところで，n や T を適当に換えて，どれだけユニタリー表現があるのでしょうか？上のユニタリー表現の条件だけでは，いくらでも作れてしまうので，幾つか条件を付け加えましょう．

既約性：表現 $T : G \to U(n)$ が与えられたとき，ある正則行列 P が存在して

$$PT(g)P^{-1} = \begin{pmatrix} T_1(g) & * \\ 0 & T_2(g) \end{pmatrix} \quad (g \in G)$$

とブロックに分かれるとき, T は**可約**であるといい, そうでないとき**既約**であるといいます. T がユニタリー表現のときは, とくに $*$ の部分を 0 に取ることができます. このとき, T は部分表現 T_i $(i=1,2)$ の**直和**であるといい

$$T = T_1 \oplus T_2$$

と書きます.

同値性: 二つの表現 $T_i : G \to U(n)$ $(i=1,2)$ が与えられたとき, ある正則行列 P が存在して

$$PT_1(g)P^{-1} = T_2(g) \quad (g \in G)$$

が成立するとき, T_1 と T_2 は**同値**であるといい

$$T_1 \cong T_2$$

と書きます. この関係は

(a) $T \cong T$,
(b) $T_1 \cong T_2$ ならば, $T_2 \cong T_1$,
(c) $T_1 \cong T_2, T_2 \cong T_3$ ならば, $T_1 \cong T_3$

を満たし, **同値関係**であることがわかります.

この二つの条件を考慮して, "どれだけユニタリー表現があるでしょうか" という問題を, "既約ユニタリー表現の同値類はどれだけあるでしょうか" に換えて考えます. そして

$$\hat{G} = 既約ユニタリー表現の同値類の全体$$

とし, G の**ユニタリー双対**と呼びます. G が有限 Abel 群のときは, 既約表現がすべて 1 次元となることがわかっており, したがって, この $\hat{G}$ の定義は先の指標の全体と一致します.

ここで, 言葉の使い方で一つ注意します. 以降の議論で, しばしば

"$\hat{G}$ に含まれるユニタリー表現 $T \cdots$"

という言い方をします．正確には，"$\hat{G}$ に含まれる同値類の代表元である既約ユニタリー表現 T ···" と言うべきなのですが，長くなりますし，誤解の恐れもないのでこの表現を用いることにします．

G の要素 a に対して

$$G_a = \{gag^{-1}; g \in G\}$$

となる G の部分集合を，a の**共役類**と呼びます．容易に

$$G = \bigcup_{a \in G} G_a = G_{a_1} \cup G_{a_2} \cup \cdots \cup G_{a_l}, \quad G_{a_i} \neq G_{a_j} \quad (i \neq j)$$

となります．等式の真中の式において，G_a の和は，G の要素 a をすべて動いていますが，集合としての和ですから，同じ物は一つの集合として表されます．したがって，第3式のように書くことができます．G と $\hat{G}$ には次の関係があります．

定理 $|\hat{G}| = l = G$ の共役類の数．

この定理のから想像できるように，$\hat{G}$ の要素と G の共役類が1対1に対応します．よって

$$\hat{G} = \{T_1, T_2, \cdots, T_l\}$$

と代表元を選ぶことができます．このとき

定理 $|G| = \displaystyle\sum_{i=1}^{l} d(T_i)^2$.

となります．右辺の $d(T_i)$ は T_i の次元です．ユニタリー表現

$$T : G \to U(n)$$

が与えられたとき，ユニタリー行列 $T(g)$ を

$$T(g) = (T_{ij}(g))$$

と成分表示しましょう. このとき, 対角成分の和

$$\chi_T(g) = \sum_{i=1}^n T_{ii}(g) \quad (g \in G)$$

を表現 T の**指標**と呼びます. この χ_T は G 上の**類関数**, すなわち, 共役類の上で一定の値を取る関数

$$\chi_T(gag^{-1}) = \chi_T(a) \quad (a, g \in G)$$

となります. ところで, この指標 χ_T は, $d(T) = 1$ でない限り準同型写像ではありませんが, 表現 T の性質を多く反映します. たとえば, 次のような命題が成立します.

命題 T_1, T_2 を G のユニタリー表現とします.
(1) $T_1 \cong T_2$ となる必要十分条件は, $\chi_{T_1} = \chi_{T_2}$ です.
(2) $\chi_{T_1 \oplus T_2} = \chi_{T_1} + \chi_{T_2}$,

さらに, $\hat{G}$ の要素に対応する指標 χ_{T_i} $(1 \leq i \leq l)$ は次の直交関係を満たします.

定理（直交関係）

$$\frac{1}{|G|} \sum_{g \in G} \chi_{T_i}(g) \chi_{T_j}(g^{-1}) = \begin{cases} 1 & (i = j), \\ 0 & (i \neq j). \end{cases}$$

さて, 有限 Abel 群のときと同様に, この指標を用いて有限群 G の上の調和解析ができます.

$$CG = \left\{ \sum_{g \in G} c_g g; g \in G, c_g \in C \right\}$$

を G の**群環**と呼びます. 二つの要素の積は

$$\sum_{a \in G} c'_a a \sum_{b \in G} c''_b b = \sum_{d \in G} c_d d, \quad c_d = \sum_{ab=d} c'_a c''_b$$

で与えられます.また, G 上の類関数である指標 χ_T を線形に CG 上へ拡張します.すなわち

$$\chi_T(\sum_{g\in G} c_g g) = \sum_{g\in G} c_g \chi_T(g)$$

とします.ここで,$u \in CG$ に対して,その **Fourier 変換** $\hat{u}: \hat{G} \to C$ を

$$\hat{u}(T_i) = \chi_{T_i}(u) \quad (1 \le i \le l)$$

で定義します.このとき,逆変換公式は次の形で与えられます.

$$u = \sum_{g\in G} c_g g = \sum_{g\in G} \left(\frac{1}{|G|} \sum_{i=1}^{l} \chi_{T_i}(e)(ug^{-1})^{\wedge}(T_i) \right) g$$

例 $G = D_4$

位数 8 の 2 面体群の場合を考えましょう.この 2 面体群は,ある軸の回りを 4 回で回る操作と,それと直交する軸の回りを 2 回で回る操作からできる群です.四つの生成元とその関係式は次のように与えられます.

$$G = \langle s, t; s^4 = e, t^2 = e, (st)^2 = e \rangle$$

です.もし,T が G のユニタリー表現であれば

$$T(s)^4 = I, \quad T(t)^2 = I, \quad (T(s)T(t))^2 = I$$

でなければなりません.このことから,$\hat{G}$ は次の五つの表現,四つの 1 次元表現と一つの 2 次元表現から成ることがわかります.実際,生成元 s, t に対応する行列は次の表のようになります.

	s	t
T_1	1	1
T_2	1	-1
T_3	-1	1
T_4	-1	-1
T_5	$\begin{pmatrix} 0 & -1 \\ 1 & 0 \end{pmatrix}$	$\begin{pmatrix} 0 & 1 \\ 1 & 0 \end{pmatrix}$

また G の共役類は

$$G = \{e\} \cup \{s^2\} \cup \{s, s^3\} \cup \{t, s^2 t\} \cup \{st, s^3 t\}$$

となります．指標は各共役類で一定の値をとりますから，前の表で与えた各表現の指標の値は次の表によって完全に決まります．

	e	s^2	s	t	st
χ_{T_1}	1	1	1	1	1
χ_{T_2}	1	1	1	-1	-1
χ_{T_3}	1	1	-1	1	-1
χ_{T_4}	1	1	-1	-1	1
χ_{T_5}	2	-2	0	0	0

これらの表をもとに，列挙した定理や命題が成立しているかどうかを実際に確かめてみてください．演習問題とします．

2.1.4 位 相 空 間

次に位相の復習をしておきます．集合 X が**位相空間**であるとは，以下で定義される**位相**が導入されていることです．この位相は解析の基本となる極限や連続の概念を X 上へ拡張するのに必要となります．

X の部分集合を要素としてもつ集合族

$$\mathcal{O} = \{O_\lambda; O_\lambda \subset X, \lambda \in \Lambda\}$$

が以下の条件

(1) $X, \phi \in \mathcal{O}$,
(2) $O_1, O_2 \in \mathcal{O}$ ならば, $O_1 \cap O_2 \in \mathcal{O}$,
(3) すべての $\Lambda_0 \subset \Lambda$ に対し, $\bigcup_{\lambda \in \Lambda_0} O_\lambda \in \mathcal{O}$

を満たすとき, $\mathcal{O}$ を X の**開集合系**といいます. (2) と (3) の違いは, (2) の共通集合に関しては有限個の共通に限りますが, (3) の和集合に関しては無限個の和を許すことを意味します. このような集合族 $\mathcal{O}$ を与えることを X に位相を導入するといい, この結果 X は位相空間となります. そして $\mathcal{O}$ の各要素 O_λ を**開集合**と呼びます. また X の部分集合 S の補集合が開集合のとき, S を**閉集合**と呼びます. X の点 x に対して, その**近傍**を定義しましょう. x を含む X の部分集合 W で

$$x \in U \subset W$$

となる開集合 U が存在するとき, W を x の近傍といいます. また, その全体を x の**近傍系**と呼びます.

二つの位相空間 X, Y の間の写像

$$f: X \to Y$$

が $a \in X$ で**連続**であるとは, $f(a)$ を含む Y の任意の開集合 V に対して, X の a を含むある開集合 U が存在して

$$f(U) \subset V$$

となることです. とくに f が X のすべての点で連続であるとき, f は X で連続あるいは単に連続であるといいます. 連続写像 $f: X \to Y$ が全単射であり, かつ逆写像 f^{-1} も連続なとき, f は同相写像といいます. このとき X と Y は同相あるいは**位相同型**であるといい

$$X \approx Y$$

などと書きます.

Y を位相空間とし,写像
$$f : X \to Y$$
が与えられているとします. X に位相が導入されていないとき(されていても構いませんが), X の開集合を
$$f^{-1}(V) \quad (V は Y の開集合)$$
と定めることにより X に位相が入り,かつ f は連続となります.このような位相は, f による**誘導位相**と呼ばれます.特別な場合として, X を位相空間 X の部分集合 S とし, $Y = X$ としましょう.このとき,
$$f : S \to X$$
を $f(x) = x$ で定め, f の誘導位相を S に入れることができます.この位相を**相対位相**といい,このとき, S を X の**部分位相空間**と呼びます.

逆に,全射な写像 $f : X \to Y$ が与えられていて, Y に位相が導入されていないとします. Y の開集合 V を
$$f^{-1}(V) \text{ が } X \text{ の開集合}$$
となるものと定めると, Y に位相が入り,かつ f は連続となります.このような位相も f による**誘導位相**と呼ばれます. X に同値関係 $\sim$ があるとき,
$$X \to X/\sim$$
なる商空間への全射が得られます.このとき,商空間 $X/\sim$ に誘導位相を入れることができます.この位相を**商位相**と呼びます.

二つの位相空間 X, Y の直積集合 $X \times Y$ の位相を考えましょう. $f_1 : X \times Y \to X$ を $f_1(x, y) = x$ で定め, $f_2 : X \times Y \to Y$ についても同様に定めます.このとき, $(x, y) \in X \times Y$ の近傍系を
$$f_1^{-1}(U) \cap f_2^{-1}(V) \quad (U, V はそれぞれ, X, Y の開集合)$$

の形で表されるもの全体とすれば, $X \times Y$ は位相空間となり, f_1, f_2 は連続となります. この $X \times Y$ を**直積位相空間**と呼びます.

最後に位相空間 X の連結性とコンパクト性について述べておきます. X が**連結**であるとは, 空でない X の真な閉部分集合 A, B が存在して

$$X = A \cup B, \quad A \cap B = \emptyset$$

となることがないことです. X の部分集合 S に対しても, 部分位相空間としてその連結性を考えることができます. 一般に, $x \in X$ を含む最大の連結部分集合を, x を含む**連結成分**といいます. また, x を含む任意の近傍 U に対して, ある

$$a \in V \subset U$$

なる近傍 V で, U に含まれる x の連結成分が V を含むものがあるとき, x で**局所連結**であるといいます. とくに, X の各点で局所連結のとき, X は局所連結であるといいます.

X の部分集合の族 $\{\mathcal{M}_\lambda; \lambda \in \Lambda\}$ が

$$X \subset \bigcup_{\lambda \in \Lambda} \mathcal{M}_\lambda$$

を満たすとき, X の**被覆**といいます. とくに各 $\mathcal{M}_\lambda$ が開集合のとき, 開被覆, Λ が有限集合のとき, 有限被覆と呼びます. X の任意の開被覆に対して, その細分として有限開被覆がとれるとき, X を**コンパクト**といいます. また X の各点にコンパクトな近傍がとれるとき, **局所コンパクト**といいます. このコンパクト性の概念は理解するのが大変ですが, 以下の議論では有界閉集合と同義であると思って差し支えありません.

二つの概念–群と位相–を結合させたのが次節の位相群となります. 次の節ではどんなものがあるか調べてみましょう.

2.2 局所コンパクト群と Haar 測度

2.2.1 局所コンパクト群

"群であり，かつ位相空間であるものを位相群とする"と言えれば話は簡単なのですが，少しおまけが付きます．群 G が位相空間とします．直積位相空間 $G \times G$ から G への写像，および G から G への写像

$$(a,b) \mapsto ab \text{ および } a \mapsto a^{-1}$$

がそれぞれ連続であるとき，G を**位相群**と呼びます．すなわち，群演算が位相に関して連続であることが要求されます．以下では，G の位相が

Hausdorff の公理 (第2分離公理，T_2 公理)：相異なる2点 a, b に対して，それぞれの近傍 U, V で，$U \cap V = \phi$ なるものが存在する．

を満たしているとします．この辺は"おまじない"のような条件ですので，気にする必要はありません．G が局所コンパクト空間であるとき，すなわち，各点にコンパクトな近傍系がとれるとき，G は**局所コンパクト群**と呼ばれます．さらに，各点に Euclid 空間のある開集合と同相な近傍が定義できるとき，**局所 Euclid 群**と呼ばれます．とくに上の群演算が実解析的写像となるとき，**Lie 群**と呼ばれます．この概念は 1870 年頃に Lie が微分方程式の不変式の研究において導入したものです．

$$\text{Lie 群} \subset \text{局所 Euclid 群} \subset \text{局所コンパクト群} \subset \text{位相群}$$

です．任意の局所 Euclid 群は Lie 群か？ という問題が **Hilbert の第 5 問題**です．この問題は 1949 年に Iwasawa が (L)-群という仮定のもとに解き，1952 年に Montgomery-Zippin によって"局所連結な有限次元連結局所コンパクト群は (L)-群である"ことが示され肯定的に解決されました．

基本的な命題として次が成り立ちます．

命題 G, G' を局所コンパクト群とし，H を G の閉部分群とします．

(1) H に相対位相を入れると, H は局所コンパクト群となる.
(2) H が正規部分群のとき, G/H に商位相を入れると局所コンパクト群となる.
(3) $G \times G'$ に直積位相を入れると, 局所コンパクト群となる.

ここで局所コンパクト群の例を列挙しておきましょう. ここでは, 主として名称のみを列挙しますので, 個々の群の具体的な定義は次章の例や参考文献を参照してください.

局所コンパクト Abel 群　　実数の加法群 $\boldsymbol{R}$, 乗法群 $\boldsymbol{R}^\times = \boldsymbol{R} - \{0\}$, 整数の加法群 $\boldsymbol{Z}$, 1 次元トーラス $\boldsymbol{T} = \boldsymbol{R}/\boldsymbol{Z}$, 有限 Abel 群 $\boldsymbol{F}$ などがあります. とくに

$$\boldsymbol{R}^l \times \boldsymbol{T}^m \times \boldsymbol{Z}^n \times \boldsymbol{F}$$

の形をしたものを, 基本 Abel 群といいます. $l > 0$ または $n > 0$ のとき, 非コンパクト群となります.

コンパクト群　　m 次元トーラス $\boldsymbol{T}^m$, 直交群 $O(n)$, ユニタリー群 $U(n)$, シンプレティック群 $Sp(n)$, 特殊直交群 $SO(n)$, 特殊ユニタリー群 $SU(n)$, 例外型コンパクト単純 Lie 群などがあります.

Lie 群　　実一般線形群 $GL(n, \boldsymbol{R})$, 実特殊線形群 $SL(n, \boldsymbol{R})$, $O(n)$, $U(n)$, $Sp(n)$, 複素一般線形群 $GL(n, \boldsymbol{C})$, 複素特殊線形群 $SL(n, \boldsymbol{C})$, 複素直交群 $O(n, \boldsymbol{C})$, 複素シンプレティック群 $Sp(n, \boldsymbol{C})$, 複素特殊直交群 $SO(n, \boldsymbol{C})$, 例外型 Lie 群, 運動群 $M(2)$, Heisenberg 群 H_n, アファイン群, $ax + b$ 群, 岩沢 AN 群などがあります.

Lie 群はその定義より群演算が実解析的でしたが, さらに複素解析的である場合, **複素 Lie 群**と呼びます. また, 連結 Lie 群は, その Lie 代数 $\mathcal{G}$, すなわち, G の単位元 e における接空間 $T_e(G)$ の構造により, 可換, 半単純, 単純, 可解, べき零, などと呼ばれます. 個々の定義は参考文献を参照してください. 結局, Lie 群の接頭語としては

- ◇ 実, 複素
- ◇ 連結, 非連結
- ◇ コンパクト, 非コンパクト
- ◇ 可換, 非可換
- ◇ 半単純, 単純, 可解, べき零
- ◇ 古典, 例外

などがあることになります. 最後の古典, 例外は分類上の呼び名です.

2.2.2 不変測度と不変積分

G の上で解析を行うのですから, G 上の積分, したがって G 上の測度は必要不可欠です. R 上の Lebesgue 測度 dx を G 上へ一般化したいのですが, G の作用と整合性のある測度が望まれます. 1933 年に Haar がそのような測度の存在を証明し, その後, von Neumann と Weil が独自にその一意性を示します. 以下, 測度論の言葉をいくつか使いますが, 適当に読み飛ばして差し支えありません.

G を局所コンパクト群とします. G の部分集合 E に対して, E の $x \in G$ による右移動および左移動を

$$Ex = \{hx ; h \in E\}, \quad xE = \{xh ; h \in E\}$$

と書くことにしましょう.

定理 G の正 Borel 測度 μ_R で, すべての μ_R-可測集合 E と $x \in G$ に対して

$$\mu_R(Ex) = \mu_R(E)$$

となるものが存在して, それらは正の定数倍を除いて一意である.

この μ_R を**右不変 Haar 測度**と呼びます. **左不変 Haar 測度** μ_L についても, Ex を xE に変えて同様に定義されます.

命題 μ を μ_R, μ_L のいずれかとすると

(1) $E \subset G$ が空でない開集合ならば, $\mu(E) > 0$,
(2) $E \subset G$ がコンパクトならば, $\mu(E) < \infty$.

G 上のコンパクトな台をもつ複素数値連続関数の全体を $C_c(G)$ と書くことにしましょう. G 上の関数というとイメージがつかみにくいかもしれませんが, G の各要素に複素数を対応させることです. $f \in C_c(G)$ の不変測度 μ_R, μ_L による積分を

$$\int_G f(x) dx_R, \quad \int_G f(x) dx_L$$

と書くことにします. このとき

命題（不変積分） 任意の $y \in G$ に対して
(1) $\int_G f(xy) dx_R = \int_G f(x) dx_R$,
(2) $\int_G f(yx) dx_L = \int_G f(x) dx_L$

となります. 一般論はこの位にして, Haar 測度の例をあげておきましょう. 以下の群は数および行列の集合ですが, 群の演算は, a と c はその和で, 他はその積で定義されます.

a. 1 次元加法群 R

$$dx_R = dx_L = dx$$

b. 1 次元乗法群 $R^\times$

$$dx_R = dx_L = \frac{dx}{|x|}$$

c. 複素 1 次元加法群 C

$$dx_R = dx_L = dz = dxdy \quad (z = x + iy)$$

d. 複素 1 次元乗法群 $C^\times$

$$dx_R = dx_L = \frac{dz}{|z|^2} \quad (dz = dxdy)$$

e. 2 次 Borel 群

$$G = B(2, \mathbf{F}) = \left\{ \begin{pmatrix} a & b \\ 0 & a^{-1} \end{pmatrix} ; a \in \mathbf{F}^\times, b \in \mathbf{F} \right\}$$

ただし, $\mathbf{F}$ は $\mathbf{R}$ または $\mathbf{C}$ とし, $\mathbf{F}^\times = \mathbf{F} - \{0\}$ とします. 以下, $\alpha \in \mathbf{F}^\times$ に対して

$$\mathrm{mod}(\alpha) = \begin{cases} |\alpha| & (\mathbf{F} = \mathbf{R}), \\ |\alpha|^2 & (\mathbf{F} = \mathbf{C}) \end{cases}$$

$$d\alpha = \begin{cases} dx & (\mathbf{F} = \mathbf{R}), \\ dz & (\mathbf{F} = \mathbf{C}) \end{cases}$$

と置きます. このとき, b と d より $\mathbf{F}^\times$ の不変測度は

$$\frac{d\alpha}{\mathrm{mod}(\alpha)}$$

と書けることがわかります. とくに

$$d(\gamma\alpha) = \mathrm{mod}(\gamma)d\alpha \quad (\gamma \in \mathbf{F})$$

となることに注意します. このとき, G の不変測度は

$$dx_R = dadb, \quad dx_L = \frac{dadb}{\mathrm{mod}(a)^2}$$

となります.

f. 2次特殊線形群 $SL(2, \boldsymbol{F})$

$$G = SL(2, \boldsymbol{F}) = \left\{ \begin{pmatrix} \alpha & \beta \\ \gamma & \delta \end{pmatrix} ; \alpha\delta - \beta\gamma = 1, \alpha, \beta, \gamma, \delta \in \boldsymbol{F}^{\times} \right\}$$

$$dx_R = dx_L = \frac{d\beta d\gamma d\delta}{\mathrm{mod}(\delta)}$$

となります.この形では,$\delta = 0$ のところでは定義されませんが,そのような集合は測度ゼロとなり無視することができます.

g. 2次元運動群 $M(2)$

$$G = M(2) = \left\{ \begin{pmatrix} 1 & z \\ 0 & e^{i\theta} \end{pmatrix} ; z \in \boldsymbol{C}, 0 \le \theta < 2\pi \right\}$$

$$dx_R = dx_L = \frac{1}{(2\pi)^2} d\theta dz$$

となります.

以上, 7個の例を与えましたが,実際に不変積分の命題の等式が成立するかチェックして見てください.ここでは e の場合の計算を与えておきます.

$G = B(2, \boldsymbol{F})$ とし, $f \in C_c(G)$ を取ってきます. G の要素を

$$x = \begin{pmatrix} a & b \\ 0 & a^{-1} \end{pmatrix}, \quad y = \begin{pmatrix} c & d \\ 0 & c^{-1} \end{pmatrix}$$

とすれば

$$\int_G f(xy) dx_R = \int_{\boldsymbol{F}} \int_{\boldsymbol{F}^{\times}} f\left(\begin{pmatrix} a & b \\ 0 & a^{-1} \end{pmatrix} \begin{pmatrix} c & d \\ 0 & c^{-1} \end{pmatrix} \right) dadb$$

$$= \int_{\boldsymbol{F}} \int_{\boldsymbol{F}^{\times}} f \begin{pmatrix} ac & ad + bc^{-1} \\ 0 & (ac)^{-1} \end{pmatrix} dadb$$

$$= \int_F \int_{F^\times} f\begin{pmatrix} a & b \\ 0 & a^{-1} \end{pmatrix} \mathrm{mod}(c)^{-1} da \cdot \mathrm{mod}(c) db$$

$$= \int_G f(x) dx_R$$

となります.同様に

$$\int_G f(yx) dx_L = \int_F \int_{F^\times} f\left(\begin{pmatrix} c & d \\ 0 & c^{-1} \end{pmatrix}\begin{pmatrix} a & b \\ 0 & a^{-1} \end{pmatrix}\right) \frac{dadb}{\mathrm{mod}(a)^2}$$

$$= \int_F \int_{F^\times} f\begin{pmatrix} ac & bc + da^{-1} \\ 0 & (ac)^{-1} \end{pmatrix} \frac{dadb}{\mathrm{mod}(\alpha)^2}$$

$$= \int_F \int_{F^\times} f\begin{pmatrix} a & b \\ 0 & a^{-1} \end{pmatrix} \frac{\mathrm{mod}(c)^{-1} da \cdot \mathrm{mod}(c)^{-1} db}{\mathrm{mod}(c^{-1}a)^2}$$

$$= \int_G f(x) dx_L$$

が得られます.

注意: 表記の方法として

$$f\left(\begin{pmatrix} a & b \\ c & d \end{pmatrix}\right)$$

は誤解の恐れがないときは

$$f\begin{pmatrix} a & b \\ c & d \end{pmatrix}$$

と略すことにします.

2.2.3 モジュラー関数

G の各要素 y に対して, $C_c(G)$ 上の積分を

$$I_y(f) = \int_G f(yx) dx_R$$

と定めれば，これも右不変積分となることがわかります．対応する右不変測度が定まりますが，Haar の定理より，このような測度は正の定数倍を除いて一意でした．したがって，ある G 上の正値関数 $\Delta_G : \boldsymbol{R} \to \boldsymbol{R}_+^\times = \{x > 0\}$ が存在して

$$\int_G f(yx) dx_R = \Delta_G(y) \int_G f(x) dx_R$$

となります．この Δ_G を**モジュラー関数**といいます．モジュラー関数は連続ですべての $x, y \in G$ に対して

$$\Delta(e) = 1,$$

$$\Delta_G(xy) = \Delta_G(x) \Delta_G(y)$$

を満たすことが容易にわかります．すなわち，Δ_G は G から $\boldsymbol{R}_+^\times$ への準同型写像となります．このとき，$\Delta_G(x) dx_R$ は左不変測度になっています．実際

$$\int_G f(yx) \Delta_G(x) dx_R$$
$$= \Delta_G(y^{-1}) \int_G f(yx) \Delta_G(yx) dx_R$$
$$= \Delta_G(y)^{-1} \Delta_G(y) \int_G f(x) \Delta_G(x) dx_R$$
$$= \int_G f(x) \Delta_G(x) dx_R$$

となります．とくに

$$\Delta_G \equiv 1$$

となる群を**ユニモジュラー**と呼びます．このとき，右（左）不変測度は同時に左（右）測度となります．

先の例では e を除いてユニモジュラーであり，e のモジュラー関数は

$$\Delta_B \begin{pmatrix} a & b \\ 0 & a^{-1} \end{pmatrix} = \mathrm{mod}(a)^{-2}$$

で与えられます．

一般に Abel 群，コンパクト群，離散群はユニモジュラーです．Abel 群では $f(xy) = f(yx)$ ですから明らかですし，離散群の場合も，各点が開集合となり

同じ測度を持つことから明らかです. コンパクト群の場合は, モジュラー関数が連続であること, および連続写像によるコンパクト集合の像はコンパクト集合であることに注意すれば, $\Delta_G(G)$ が $\mathbf{R}_+^\times$ のコンパクト集合であることがわかります. さらに Δ_G は準同型でしたから, 結局, $\Delta_G(G)$ は $\mathbf{R}_+^\times$ のコンパクト部分群となります. このことから, $\Delta_G(G) = \{1\}$, すなわち, $\Delta_G \equiv 1$ が得られます.

2.3 位相群の表現

局所コンパクト群 G のユニタリー表現について学びます. 表現 (representation) という言葉は, 2.1.3 項 の有限群上の調和解析のところで一度登場しました. G が有限 Abel 群であれば指標であり, 一般の有限群のときは

$$T : G \to U(n)$$

なるユニタリー行列全体への準同型写像でした. 簡単に言えば, "ある対象 G を考えるときに, その対象をより具体的な対象 $U(n)$ に構造を保存して移す対応 (準同型写像) " と言えます. この節では対象 G を局所コンパクト群に広げるのですが, それに伴い具体的な対象 $U(n)$ も行列の集合からユニタリー作用素の空間に変わります. すなわち, n 次元空間の作用素である行列から, 無限次元空間の作用素へと拡張されます. ともあれ, 新しい言葉がたくさん出てきますので難しく感じるかも知れません. この節の後半にいくつかの例を列挙しておきましたので, それを参照しながら読むことをお勧めします.

2.3.1 表現の定義

以下, G は局所コンパクト群とします. $\mathcal{H}$ を複素 Hilbert 空間とし, $B(\mathcal{H})$ を $\mathcal{H}$ 上の**有界線形作用素**全体の作る代数とします. ここで有界性は 0 での連続性と同値となり, $A : \mathcal{H} \to \mathcal{H}$ が $B(\mathcal{H})$ の要素となる条件は

(1) $\lim\limits_{u \to 0} Au = 0$,
(2) $A(\alpha u + \beta v) = \alpha A(u) + \beta A(v) \quad (\alpha, \beta \in \mathbf{C}, u, v \in \mathcal{H})$

となります.

定義 写像 $T: G \to B(\mathcal{H})$ が G の**表現**であるとは, T が次の条件を満たすことです.
(1) $T(xy) = T(x)T(y) \quad (x, y \in G)$,
(2) $T(e) = I \quad (I は恒等作用素)$,
(3) T は強連続, すなわち, すべての $v \in \mathcal{H}$ に対して
$$x \mapsto T(x)v \quad (x \in G)$$
が G 上連続となる.

G が有限群のときは, 表現 $T: G \to U(n)$ の条件として, (1),(2) を課しました. 有限群から位相群へと拡張されたことにより, G に位相が入り, それに伴って (3) の条件が加わったことになります. 以下, G の表現を T と $\mathcal{H}$ のペアー

$$(T, \mathcal{H})$$

で表すことにします. ここで $\mathcal{H}$ を T の**表現空間**と呼び, $\mathcal{H}$ が無限次元のとき**無限次元表現**, 有限次元のとき**有限次元表現**といいます.

定義 $(T, \mathcal{H})$ を G の表現とします. $\mathcal{H}$ の部分空間 $\mathcal{H}_0$ が T で**不変**であるとは
$$T(x)\mathcal{H}_0 \subset \mathcal{H}_0 \quad (x \in G)$$
が成り立つことです. このとき, $\mathcal{H}_0$ を T の G **不変部分空間**といいます.

とくに G 不変部分空間 $\mathcal{H}_0$ が空でない閉集合であるとき, $T(x)$ の $\mathcal{H}_0$ への制限を
$$T'(x)u = T(x)u \quad (u \in \mathcal{H}_0, x \in G)$$
とすれば, $(T', \mathcal{H}_0)$ は再び G の表現となります. このようにして得られる表現を $(T, \mathcal{H})$ の**部分表現**と呼び,

$$T' = T|_{\mathcal{H}_0}$$

などと書きます. いま, $\mathcal{H}$ が次のように T の G 不変閉部分空間の Hilbert 空間としての直和に分解されているとします.

$$\mathcal{H} = \bigoplus_{\alpha \in \Lambda} \mathcal{H}_\alpha$$

このとき

$$T_\alpha = T|_{\mathcal{H}_\alpha} \quad (\alpha \in \Lambda)$$

とすれば, 各 $(T_\alpha, \mathcal{H}_\alpha)$ は $(T, \mathcal{H})$ の部分表現となります. さらに, $(T, \mathcal{H})$ は $\{(T_\alpha, \mathcal{H}_\alpha); \alpha \in \Lambda\}$ の**直和**であるといい

$$T = \bigoplus_{\alpha \in \Lambda} T_\alpha$$

と書きます.

定義 G の表現 $(T, \mathcal{H})$ が**既約**であるとは, T の G 不変閉部分空間が $\mathcal{H}$ と $\{0\}$ のみしか存在しないことです. そうでないとき**可約**であるといいます.

この定義において, "閉"部分空間を考えている点に注意してください. 単に部分空間を考えるときは, **代数的既約**あるいは**代数的可約**と区別します.

定義 $(T, \mathcal{H})$ を G の表現とします. $\mathcal{H}$ の要素 v が**巡回ベクトル**であるとは, $\{T(x)v; x \in G\}$ の有限線形結合の全体が $\mathcal{H}$ で稠密となることです. このような巡回ベクトルの存在する表現を**巡回表現**といいます.

$(T, \mathcal{H})$ が既約であれば, $\mathcal{H}$ のゼロでないすべての要素が巡回ベクトルとなりますので巡回表現です. 巡回表現は必ずしも既約表現とは限りませんが, $\mathcal{H}$ のすべてのゼロでない要素が巡回ベクトルであれば, 既約となります.

定義 G の表現 $(T, \mathcal{H})$ が**ユニタリー**であるとは, すべての $x \in G$ に対して, $T(x)$ がユニタリー作用素となることです. すなわち

$$T^*(x)T(x) = T(x)T^*(x) = I \quad (x \in G).$$

ここで $T^*(x)$ は $T(x)$ の双対作用素であり,$\mathcal{H}$ の内積を,$\langle \cdot, \cdot \rangle$ と書けば

$$\langle T(x)u, v\rangle = \langle u, T^*(x)v\rangle \quad (u, v \in \mathcal{H}, x \in G)$$

となります.

定義 二つのユニタリー表現 $(T_1, \mathcal{H}_1)$ と $(T_2, \mathcal{H}_2)$ がユニタリー同値であるとは,同型なユニタリー作用素 $A : \mathcal{H}_1 \to \mathcal{H}_2$ が存在して

$$AT_1(x) = T_2(x)A \quad (x \in G)$$

となることです.

この A を**絡み作用素**と呼び,ユニタリー同値な表現を

$$T_1 \cong T_2$$

などと書きます.

有限群の表現 $T : G \to U(n)$ が可約であるとは,$T(x)$ がブロックに分かれることでした.すなわち,表現 $(T, \boldsymbol{C}^n)$ が

$$T(x) = \begin{pmatrix} T_1(x) & 0 \\ 0 & T_2(x) \end{pmatrix}, \quad \boldsymbol{C}^n = \boldsymbol{C}^{d_1} \oplus \boldsymbol{C}^{d_2}$$

となることです.ただし,$d_i = d(T_i)$ $(i = 1, 2)$ です.このとき

$$A_i : \boldsymbol{C}^n \to \boldsymbol{C}^{d_i} \quad (i = 1, 2)$$

を射影作用素とすれば,$A_i \neq cI$ $(c \in \boldsymbol{C})$ であり,かつ

$$A_i T(x) = T(x) A_i \quad (x \in G)$$

が成立します.このように可約性と上の関係式を満たす作用素 A_i の存在は密接に関連しています.実際,ユニタリー表現の既約性の判定には次の Schur の補題が有効です.

定理（Schur の補題） $(T,\mathcal{H})$ を G のユニタリー表現とします．T が既約となる必要十分条件は

$$AT(x) = T(x)A \quad (x \in G)$$

を満たす $A \in B(\mathcal{H})$ は cI $(c \in \boldsymbol{C})$ に限ることです．

上の条件は，もとの Hilbert 空間 $\mathcal{H}$ が実空間のときは，T が既約となる十分条件です．また，ユニタリー表現を有限次元表現に置き換えると，T が既約となる必要条件となります．

$(T,\mathcal{H})$ を G の表現とし，Hilbert 空間 $\mathcal{H}$ の双対空間を $\mathcal{H}^*$ とします．すなわち，$\mathcal{H}$ 上の連続線形汎関数の全体です．この空間は再び Hilbert 空間となります．実際，Riesz の定理により，すべての $\phi \in \mathcal{H}^*$ に対して，一意にある $v_\phi \in \mathcal{H}$ が存在し

$$\phi(u) = \langle u, v_\phi \rangle_\mathcal{H}$$

と書けることがわかりますから，

$$\langle \phi, \psi \rangle_{\mathcal{H}^*} = \langle v_\phi, v_\psi \rangle_\mathcal{H}$$

と内積を定めることができます．いま，$B(\mathcal{H}^*)$ を

$$(T^*(x)\phi)(u) = \phi\left(T(g^{-1})u\right) \quad (x \in G, \phi \in \mathcal{H}^*, u \in \mathcal{H})$$

と定義します．このとき $(T^*, \mathcal{H}^*)$ は G の表現となり，これを $(T,\mathcal{H})$ の**反傾表現** (contragradient) と呼びます．容易に，T がユニタリーであれば，T^* もユニタリーであり，T が既約であれば，T^* も既約です．また

$$T \cong (T^*)^*$$

がわかります．

二つのユニタリー表現 $(T_1, \mathcal{H}_1)$ と $(T_2, \mathcal{H}_2)$ が与えられたとき，二つの表現空間 $\mathcal{H}_1$ と $\mathcal{H}_2$ の直和 $\mathcal{H}_1 \oplus \mathcal{H}_2$ およびテンソル積 $\mathcal{H}_1 \otimes \mathcal{H}_2$ を考えます．それぞれの内積を

$$\langle v_1 \oplus v_2, w_1 \oplus w_2 \rangle = \langle v_1, w_1 \rangle + \langle v_2, w_2 \rangle$$

$$\langle v_1 \otimes v_2, w_1 \otimes w_2 \rangle = \langle v_1, w_1 \rangle \langle v_2, w_2 \rangle$$

とすることにより,これらの空間は再び Hilbert 空間になります.いま,新たな表現を

$$(T_1 \oplus T_2)(g)(v \oplus w) = T_1(g)v \oplus T_2(g)w \quad (v \in \mathcal{H}_1, w \in \mathcal{H}_2, g \in G),$$

$$(T_1 \otimes T_2)(g)(v \otimes w) = T_1(g)v \otimes T_2(g)w \quad (v \in \mathcal{H}_1, w \in \mathcal{H}_2, g \in G),$$

と定義します.このとき,$(T_1 \oplus T_2, \mathcal{H}_1 \oplus \mathcal{H}_2)$ と $(T_1 \otimes T_2, \mathcal{H}_1 \otimes \mathcal{H}_2)$ をそれぞれ,T_1, T_2 の**直和**および**テンソル積**と呼びます.

ここで既約ユニタリー表現の全体を考えましょう.このとき同値関係 "$\cong$" による商,すなわち,同値類の全体を $\hat{G}$ と書き,G の**ユニタリー双対**といいます.G を与えたときに $\hat{G}$ を求める問題は,極めて難しい問題で今日でも盛んに研究が行われています.以下,基本的な結果をいくつか紹介します.定義されていない言葉が出てきますが,雰囲気を理解するためにあえて述べることにしました.

定理 局所コンパクト群の有限次元ユニタリー表現は既約ユニタリー表現の直和に分解される.

定理 $\mathcal{H}$ が可分な Hilbert 空間のとき,ユニタリー表現は巡回表現の直和に分解する(さらに既約表現に分解するには,直積分の概念が必要となります).

定理 コンパクト群の既約ユニタリー表現はすべて有限次元であり,任意のユニタリー表現は既約ユニタリー表現の直和に分解される.連結コンパクト群の $\hat{G}$ は完全に分類される(次元や指標を具体的に計算する公式があります).

定理 可換群の既約ユニタリー表現はすべて 1 次元であり,それらは指標に他ならない.

定理 連結べき零 Lie 群の既約ユニタリー表現は，適当な部分群の 1 次元表現から誘導される．G の Lie 環を $\mathcal{G}$ とし，G の随伴表現の反傾表現を $(\rho, \mathcal{G}^*)$ とすると，$\hat{G}$ の各要素は $\mathcal{G}^*$ 上の $\rho(G)$ 軌道と 1 対 1 に対応する．

定理 複素半単純 Lie 群の既約ユニタリー表現は，主系列，退化系列，補系列，退化補系列の 4 種類からなる．

もちろん，すべてがいつでもある訳でなく，可能性を意味します．実半単純 Lie 群の既約ユニタリー表現はもっと複雑で，上の 4 系列の他に離散系列や極限離散系列が加わりますが，最終結果は未だ得られていません．しかし，幸運なことに以下の章で Fourier L^2 解析を行うときは，主系列と離散系列があれば十分であることがわかっています．

2.3.2 いろいろな表現

前項では表現の基本的な用語を述べましたが，ここでは実際の例を列挙します．前節の定義を思い出しながら眺めてみてください．

a. 自明な表現

G を任意の局所コンパクト群とし，$\mathcal{H} = \boldsymbol{C}$ とします．

$$T(x)z = z \quad (x \in G, z \in \boldsymbol{C})$$

としたとき，$(T, \boldsymbol{C})$ を**自明な表現**と呼びます．これはユニタリー表現です．

b. 恒等表現

$G = GL(n, \boldsymbol{F})$ とし，$\mathcal{H} = \boldsymbol{C}^n$ とします．

$$T(x)v = xv \quad (x \in G, v \in \boldsymbol{C}^n)$$

としたとき，$(T, \boldsymbol{C})$ を**恒等表現**と呼びます．G は $\boldsymbol{C}^n$ へ推移的に作用することから，既約表現となります．

c. 正則表現

G をユニモジュラーな局所コンパクト群とし，$\mathcal{H} = L^2(G)$，すなわち，G 上の 2 乗可積分関数の全体

$$L^2(G) = \left\{ f : G \to \boldsymbol{C}; \|f\|_2^2 = \int_G |f(g)|^2 dg < \infty \right\}$$

とします. ここで dg は Haar 測度です. $L^2(G)$ の内積を

$$\langle f,h \rangle = \int_G f(g)\bar{h}(g)dg \quad (f,h \in L^2(G))$$

と定めることにより, $L^2(G)$ は Hilbert 空間となります. 以下, 一般の L^2 空間 $L^2(X)$ に対して, このようにして入れる内積を**自然な内積**と呼ぶことにしましょう.

ここで $f \in L^2(G)$ に対して

$$(T_R(x)f)(g) = f(gx) \quad (g,x \in G),$$
$$(T_L(x)f)(g) = f(x^{-1}g) \quad (g,x \in G)$$

と定義します. このとき, $(T_R, L^2(G))$ を**右正則表現**, $(T_L, L^2(G))$ を**左正則表現**と呼びます. 実際, ユニタリー表現となっていることを確かめてみましょう.

$f \in L^2(G)$ に対して

$$\|T_R(x)f\|_2^2 = \int_G |f(gx)|^2 dg = \int_G |f(g)|^2 dg = \|f\|_2^2$$

となり, $T_R(x)$ $(x \in G)$ は $L^2(G)$ 上の等長作用素, したがってユニタリー作用素となります. また

$$(T_R(x)(T_R(y)f))(g) = (T_R(y)f)(gx) = f(gxy) = (T_R(xy)f)(g)$$

より

$$T_R(x)T_R(y) = T_R(xy) \quad (x,y \in G)$$

がわかります.

$$T_R(e) = I$$

は明らかです. $x \mapsto T_R(x)f$ の連続性は, $f \in C_c(G)$, すなわち, f がコンパクトな台をもつ連続関数のときは, その一様連続性から示されます. また一般の $f \in L^2(G)$ に対しては, $C_c(G)$ の要素で近似することにより示すことができます. 演習としますので各自試してみてください. このようにして, $(T_R, L^2(G))$ がユニタリー表現であることがわかりました. T_L についても同様です.

一般に正則表現は無限次元で可約です．既約になるときは，$G = \{e\}$ のときで，また有限次元表現となる必要十分条件は G が有限群となるときです．いま
$$Af(g) = f(g^{-1}) \quad (g \in G)$$
とすると
$$(AT_R(x)f)(g) = (T_R(x)f)(g^{-1}) = f(g^{-1}x)$$
$$= (Af)(x^{-1}g) = ((T_L(x)A)f)(g)$$
となり，$A : L^2(G) \to L^2(G)$ は T_R と T_L の絡み作用素であることがわかります．したがって
$$T_R \cong T_L$$
となります．

d. 運動群 $M(2)$ の 1 次元表現

$$G = M(2) = \left\{ \begin{pmatrix} 1 & z \\ 0 & e^{i\theta} \end{pmatrix} ; a \in \boldsymbol{C}, 0 \leq \theta < 2\pi \right\}$$

です．ここで $\mathcal{H} = \boldsymbol{C}$ とし，$n = 0, 1, 2, \cdots$ に対して，

$$T_n \begin{pmatrix} 1 & z \\ 0 & e^{i\theta} \end{pmatrix} w = e^{in\theta} w \quad (w \in \boldsymbol{C})$$

とすれば，$(T_n, \mathcal{H})$ は 1 次元のユニタリー表現となり，既約です．T_0 は a の自明な表現です．

e. $SU(2)$ の表現

$$G = SU(2) = \left\{ \begin{pmatrix} \alpha & -\beta \\ \bar{\beta} & \bar{\alpha} \end{pmatrix} ; \alpha, \beta \in \boldsymbol{C}, |\alpha|^2 + |\beta|^2 = 1 \right\}$$

です．各 $l = 0, 1, 2, \cdots$ に対して，$\mathcal{H}$ を z_1, z_2 の l 次斉次多項式 $f(z_1, z_2)$ の全体 V_l とします．すなわち

$$\mathcal{H} = V_l = \mathrm{Span}_{\boldsymbol{C}} \{z_1^l, z_1^{l-1}z_2, \cdots, z_1 z_2^{l-1}, z_2^l\}$$
$$= \left\{ \sum_{k=0}^{l} c_k z_1^k z_2^{l-k} ; c_k \in \boldsymbol{C}, 0 \leq k \leq l \right\}$$

です．Span_C は複素係数線形結合の全体を意味します．また，V_l の内積を

$$\langle \sum_{k=0}^{l} c_k z_1^k z_2^{l-k}, \sum_{k=0}^{l} c'_k z_1^k z_2^{l-k} \rangle = \sum_{k=0}^{l} k!(l-k)! c_k \bar{c}'_k$$

と定めることにより，V_l は $l+1$ 次元の Hilbert 空間となります．

ここで

$$\left(T_l \begin{pmatrix} \alpha & -\beta \\ \bar{\beta} & \bar{\alpha} \end{pmatrix} f \right)(z_1, z_2) = f(\alpha z_1 + \bar{\beta} z_2, -\beta z_1 + \bar{\alpha} z_2)$$

とすると，(T_l, V_l) は既約ユニタリー表現となります．T_0 は a の自明な表現です．このとき

$$\hat{SU}(2) = \{T_l; l = 0, 1, 2, \cdots\}$$

となります．これらの計算は第 4 章 4.3 節で行います．

f. $SL(2,F)$ の有限次元表現

$$G = SL(2, F) = \left\{ \begin{pmatrix} a & b \\ c & d \end{pmatrix} ; a, b, c, d \in F, ad - bc = 1 \right\}$$

です．各 $l = 0, 1, 2, \cdots$ に対して $\mathcal{H}$ を e と同様に，z_1, z_2 の l 次斉次多項式の全体とします．ここで

$$\left(T_l \begin{pmatrix} a & b \\ c & d \end{pmatrix} f \right)(z_1, z_2) = f(az_1 + cz_2, bz_1 + dz_2)$$

とすると，(T_l, V_l) は既約表現となります．T_0 は自明な表現でユニタリーですが，T_l ($l > 0$) はユニタリーではありません．$SL(2,F)$ は自明な表現 T_0 以外に有限次元ユニタリー表現を持たないことが知られています．

g. $SL(2,F)$ の主系列表現

$\mathcal{H} = L^2(F) = L^2(F, d\alpha)$ とし，自然な内積を入れます (2.2.2 項 e 参照)．いま，$F^\times$ の指標，すなわち，$(F^\times)^\wedge$ の要素を π とすると，$\alpha \in F^\times$ の局座標表示が

$$\alpha = \left(\frac{\alpha}{|\alpha|} \right) |\alpha|$$

となることに注意して, π は

$$\pi(\alpha) = \left(\frac{\alpha}{|\alpha|}\right)^h |\alpha|^{is}$$

と書けることがわかります. ただし,

$$s \in \boldsymbol{R}, \quad h = \begin{cases} 0, 1 & (\boldsymbol{F} = \boldsymbol{R}), \\ 0, \pm 1, \pm 2, \cdots & (\boldsymbol{F} = \boldsymbol{C}) \end{cases}$$

です. このとき, $f \in L^2(\boldsymbol{F})$ に対して

$$(T_\pi(g)f)(x) = (\mathrm{mod}(cx+d))^{-1} \pi(cx+d) f\left(\frac{ax+b}{cx+d}\right),$$

$$x \in \boldsymbol{F}, \quad g^{-1} = \begin{pmatrix} a & b \\ c & d \end{pmatrix}$$

とすれば, 作用素 $T_\pi(g)$ は $cx+d=0$ となる 1 次元集合を除いて定義されます. このような集合は測度ゼロですから,

$$\|T_\pi(g)f\|_2^2 = \int_{\boldsymbol{F}} \mathrm{mod}(cx+d)^{-2} \left|f\left(\frac{ax+b}{cx+d}\right)\right|^2 dx$$

$$= \int_{\boldsymbol{F}} |f(x)|^2 dx = \|f\|_2^2$$

となり, $T_\pi(g)f$ が再び $L^2(\boldsymbol{F})$ の要素となることがわかります. とくに T_π はユニタリー作用素です. さらに, 2.3.1 項の表現の条件 (1),(2),(3) を示すことができ, $(T_\pi, L^2(\boldsymbol{F}))$ はユニタリー表現となります. この計算は結構大変ですが, 試してみてください. 次の h でこの表現の種明かしをしますが, それを使うと容易に納得することができます.

既約性に関しては, $\boldsymbol{F} = \boldsymbol{R}$ のときの

$$\pi(\alpha) = \frac{\alpha}{|\alpha|} = \mathrm{sgn}(\alpha)$$

を除いて既約となります. このようにして構成された表現全体

$$\{T_\pi; \pi \in (\boldsymbol{F}^\times)^\wedge\}$$

を **主系列表現** と呼びます.

h. $SL(2,F)$ の誘導表現

G の部分群の簡単な表現から, G の表現を構成する**誘導**の方法について説明します. この方法は他の位相群でも有効ですので表現をつくる強力な手段となります. 最初に G のいくつかの部分群を紹介します.

$$T = \left\{ t_a = \begin{pmatrix} a & 0 \\ 0 & a^{-1} \end{pmatrix} ; a \in \boldsymbol{F}^\times \right\},$$

$$A = \left\{ a_u = \begin{pmatrix} e^u & 0 \\ 0 & e^{-u} \end{pmatrix} ; u \in \boldsymbol{R} \right\},$$

$$N = \left\{ \begin{pmatrix} 1 & b \\ 0 & 1 \end{pmatrix} ; b \in \boldsymbol{F} \right\}, \quad \bar{N} = \left\{ \begin{pmatrix} 1 & 0 \\ b & 1 \end{pmatrix} ; b \in \boldsymbol{F} \right\},$$

$$K = \begin{cases} SO(2) & (\boldsymbol{F} = \boldsymbol{R}), \\ SU(2) & (\boldsymbol{F} = \boldsymbol{C}) \end{cases}$$

$$B = T\bar{N} = \left\{ \begin{pmatrix} a & 0 \\ b & a^{-1} \end{pmatrix} ; a \in \boldsymbol{F}^\times, b \in \boldsymbol{F} \right\},$$

$$M = K \cap T = \begin{cases} \pm 1 & (\boldsymbol{F} = \boldsymbol{R}), \\ \begin{pmatrix} e^{i\theta} & 0 \\ 0 & e^{-i\theta} \end{pmatrix} & (\boldsymbol{F} = \boldsymbol{C}) \end{cases}$$

などがあります. このとき

$$T = MA, \quad G = KTN = KAN, \quad G = KT\bar{N} = KA\bar{N}$$

などが成立します.

$$G = KAN = KA\bar{N}$$

を G の**岩沢分解**と呼びます. この分解に伴う G の各要素の分解を

$$g = k(g)t(g)n(g) = k(g)m(g)a(g)n(g),$$

$$g = k(g)t(g)\bar{n}(g) = k(g)m(g)a(g)\bar{n}(g)$$

などと書くことにしましょう. また

$$w = \begin{pmatrix} 0 & -1 \\ 1 & 0 \end{pmatrix}$$

とすると, **Bruhat 分解**

$$G = NB \cup wB$$

が成立し, NB は G の稠密な開集合となります.

$K, M, N, \bar{N}$ はユニモジュラーですが, $B = T\bar{N}$ はユニモジュラーではありません. 2.2.2 項の例 e と同様にして

$$\Delta_B \begin{pmatrix} a & 0 \\ b & a^{-1} \end{pmatrix} = \mathrm{mod}(a)^{-2}$$

となります.

以下, 誘導表現の構成を行いますが, 三つの様式-**誘導様式** (induced picture), **非コンパクト様式** (noncompact picture), **コンパクト様式** (compact picture)-があり, ユニタリー同値な表現を構成します. 出発はどれも同じで, Abel 部分群 T の表現, すなわち, 指標

$$\pi \in (\boldsymbol{F}^\times)^\wedge = \hat{T}$$

です. この表現を B の表現に次のように拡張します.

$$\pi_B(x) = \pi(a)^{-1}, \quad x = \begin{pmatrix} a & 0 \\ b & a^{-1} \end{pmatrix} \in B.$$

このとき, π_B は B の 1 次元既約ユニタリー表現となります. この π_B をさらに G の表現へと拡張します.

誘導様式: G 上の関数空間 $C_\pi(G)$ を

$$C_\pi(G) = \{f : G \to \boldsymbol{C} \,;\, f \text{ は } G \text{ 上の連続関数で, 次の関係式を満たす}:$$

$$f(gb) = \Delta_B(b)^{1/2} \pi_B(b) f(g) \quad (b \in B, g \in G)\}$$

とします.その内積を
$$\langle f,h\rangle = \int_K f(k)\bar{h}(k)dk$$
で定義し,この内積で完備化した Hilbert 空間を $\mathcal{H}_\pi$ とします.

ここで $f\in\mathcal{H}_\pi$ に対して
$$(T^\pi(x)f)(g) = f(x^{-1}g) \quad (g,x\in G)$$
と定めると,$(T^\pi,\mathcal{H}_\pi)$ は G のユニタリー表現となります.この計算は c と同様です.このとき
$$T^\pi = \mathrm{Ind}_B^G(\pi_B)$$
と書き,T^π を π_B からの**誘導表現**と呼びます.

非コンパクト様式:誘導様式は G 上の関数空間 $C_\pi(G)$ に実現しました.ところで,G 上の連続関数は,先の Bruhat 分解に注意すれば,稠密な開集合 NB 上で決定されてしまいます.したがって,$f\in C_\pi(G)$ はその関係式により本質的に N 上で決まってしまうことがわかります.そこで誘導様式を N へ制限したものが,**非コンパクト様式**です.実際,$f\in\mathcal{H}_\pi$ に対して
$$Af(x) = f\begin{pmatrix} 1 & x \\ 0 & 1 \end{pmatrix}$$
と定めると,$Af\in L^2(\boldsymbol{F})\cong L^2(N)$ となり,さらに
$$A:\mathcal{H}_\pi \to L^2(\boldsymbol{F})$$
がユニタリー同値であることがわかります.したがって
$$T_\pi(g) = AT^\pi(g)A^{-1} \quad (g\in G)$$
と定めることにより,$(T_\pi,L^2(\boldsymbol{F}))$ は $(T^\pi,\mathcal{H}_\pi)$ とユニタリー同値な表現となります.

では,$T_\pi(g)$ は具体的にどのような作用素となるのでしょうか? 計算してみましょう.
$$f\in\mathcal{H}_\pi,\quad g^{-1} = \begin{pmatrix} a & b \\ c & d \end{pmatrix}$$

とすると

$$(T^\pi(g)f)\left(\begin{pmatrix} 1 & x \\ 0 & 1 \end{pmatrix}\right) = f\left(\begin{pmatrix} a & b \\ c & d \end{pmatrix}\begin{pmatrix} 1 & x \\ 0 & 1 \end{pmatrix}\right)$$

$$= f\begin{pmatrix} a & ax+b \\ c & cx+d \end{pmatrix}$$

$$= f\left(\begin{pmatrix} 1 & \dfrac{ax+b}{cx+d} \\ 0 & 1 \end{pmatrix}\begin{pmatrix} (cx+d)^{-1} & 0 \\ c & cx+d \end{pmatrix}\right)$$

$$= (\mathrm{mod}(cx+d))^{-1}\pi(cx+d)f\begin{pmatrix} 1 & \dfrac{ax+b}{cx+d} \\ 0 & 1 \end{pmatrix}$$

となります.したがって, $F \in L^2(\boldsymbol{F})$ に対して

$$(T_\pi(g)F)(x) = (\mathrm{mod}(cx+d))^{-1}\pi(cx+d)F\left(\dfrac{ax+b}{cx+d}\right)$$

となります.これで g の主系列表現の種明かしができました.主系列表現 g は誘導表現の非コンパクト形式に他なりません.

コンパクト様式:今度は岩沢分解 $G = KA\bar{N} = KB$ に注目してみましょう. $f \in C_c(G)$ はその関係式により,本質的に K 上で決まってしまうことがわかります.そこで,先の誘導様式を K に制限したものが**コンパクト様式**です.実際, K 上の関数空間 $C_\pi(K)$ を

$$C_\pi(K) = \{f : K \to \boldsymbol{C}\,;f \text{ は } K \text{ 上連続で,次の関係式を満たす}:$$

$$f(km) = \pi_B(m)f(k) \quad (m \in M, k \in K)\}$$

とします.その内積を

$$\langle f, h \rangle = \int_K f(k)\bar{h}(k)dk$$

で定義し,この内積で完備化した Hilbert 空間 $\tilde{\mathcal{H}}_\pi$ とします.

ここで $f \in \tilde{\mathcal{H}}_\pi$ に対して

$$\left(\tilde{T}^\pi(g)f\right)(k) = \Delta_B(t(g^{-1}k))^{1/2}\pi_B(n(g^{-1}k))f(k(g^{-1}k))$$

$$g^{-1}k = k(g^{-1}k)t(g^{-1}k)n(g^{-1}k) \quad (g \in G, k \in K)$$

と定めると, $(\tilde{T}^\pi, \tilde{\mathcal{H}}_\pi)$ はユニタリー表現となります. とくに $A : \mathcal{H}_\pi \to \tilde{\mathcal{H}}_\pi$ を

$$Af(k) = f(k)$$

で定めると, $(\tilde{T}^\pi, \tilde{\mathcal{H}}_\pi)$ は $(T^\pi, \mathcal{H}_\pi)$ とユニタリー同値な表現となります.

i. $M(2)$ の誘導表現

前例と同様に $G = M(2)$ の誘導表現を求めてみましょう.

$$M(2) = NK,$$

$$N = \left\{ \begin{pmatrix} 1 & z \\ 0 & 1 \end{pmatrix} ; z \in \boldsymbol{C} \right\}, \quad K = \left\{ \begin{pmatrix} 1 & 0 \\ 0 & e^{i\theta} \end{pmatrix} ; 0 \leq \theta < 2\pi \right\}$$

でした. 各 $a \in \boldsymbol{C}^\times$ に対して

$$\zeta_a \begin{pmatrix} 1 & z \\ 0 & 1 \end{pmatrix} = e^{i\Re(z\bar{a})} = e^{i\langle z, a \rangle} \quad (a \in \boldsymbol{C})$$

とすれば, ζ_a は N の1次元既約ユニタリー表現となります. 最後の式で, e の肩の内積は $\boldsymbol{R}^2$ の普通の内積を表し, $\boldsymbol{C}$ を

$$z = x + iy \mapsto \begin{pmatrix} x \\ y \end{pmatrix}$$

により $\boldsymbol{R}^2$ と同一視しています. また, 上式の ζ_a の値を $\zeta_a(z)$ と書くことにしましょう.

N の表現 ζ_a を G の表現へ誘導してみましょう. ここでは前の h とは変えて G の作用が右側から掛かるようにしてみましょう. h と同じ方法は各自試してみてください.

G 上の関数空間 $C_a(G)$ を

$$C_a(G) = \{f : G \to \boldsymbol{C} ; f \text{ は } G \text{ 上連続で, 次の関係式を満たす:}$$

$$f(ng) = \zeta_a(n)f(g) \quad (n \in N, g \in G)\}$$

とします．その内積を
$$\langle f, h \rangle = \int_K f(k)\bar{h}(k)dk$$
で定義し，この内積で完備化した Hilbert 空間を $\mathcal{H}_a$ とします．

ここで $f \in \mathcal{H}_a$ に対して
$$(T^a(g)f)(x) = f(xg) \quad (g, x \in G)$$
と定めると，$(T^a, \mathcal{H}_a)$ はユニタリー表現となります．この表現を
$$T^a = \mathrm{Ind}_N^G(\zeta_a)$$
と書き，T^a を ζ_a からの誘導表現と呼びます．

この誘導表現は G 上の関数空間に実現しました．ところで $G = NK$ ですから，f の関係式に注意すれば，$f \in C_a(G)$ は本質的に K 上で決まってしまうことがわかります．したがって誘導様式を K へ制限することにより，同値な表現を作ることができます．実際，$f \in \mathcal{H}_a$ に対して
$$Af(e^{i\theta}) = f\begin{pmatrix} 1 & e^{i\theta} \\ 0 & 1 \end{pmatrix}$$
と定めると，$Af \in L^2(\boldsymbol{T})$ となり，さらに
$$A : \mathcal{H}_\pi \to L^2(\boldsymbol{T})$$
がユニタリー作用素であることがわかります．したがって
$$\tilde{T}^a(g) = AT^{\tilde{a}}(g)A^{-1} \quad (g \in G)$$
とすることにより，$(\tilde{T}^a, L^2(\boldsymbol{T}))$ は $(T^a, \mathcal{H}_a)$ とユニタリー同値な表現となります．前と同様に，$\tilde{T}^a(g)$ の具体的な形を計算してみましょう．
$$f \in \mathcal{H}_a, \quad g = \begin{pmatrix} 1 & z \\ 0 & e^{i\theta} \end{pmatrix}$$

とすれば

$$(T^a(g)f)\left(\begin{pmatrix} 1 & 0 \\ 0 & e^{i\phi} \end{pmatrix}\right) = f\left(\begin{pmatrix} 1 & 0 \\ 0 & e^{i\phi} \end{pmatrix}\begin{pmatrix} 1 & z \\ 0 & e^{i\theta} \end{pmatrix}\right)$$

$$= f\begin{pmatrix} 1 & z \\ 0 & e^{i(\phi+\theta)} \end{pmatrix}$$

$$= f\left(\begin{pmatrix} 1 & ze^{-i(\phi+\theta)} \\ 0 & 1 \end{pmatrix}\begin{pmatrix} 1 & 0 \\ 0 & e^{i(\phi+\theta)} \end{pmatrix}\right)$$

$$= \zeta_a(ze^{-i(\phi+\theta)})f\begin{pmatrix} 1 & 0 \\ 0 & e^{i(\phi+\theta)} \end{pmatrix}$$

となります. したがって, $F \in L^2(\boldsymbol{T})$ に対して

$$\left(\tilde{T}^a(g)F\right)(e^{i\phi}) = \zeta_a(ze^{-i(\phi+\theta)})F(e^{i(\phi+\theta)})$$

となります.

この誘導表現 T^a は既約ユニタリー表現であり, とくに

$$T^a \cong T^r, \quad |a| = r$$

となります. 実際, $a = re^{i\psi}$ のときに, 絡み作用素

$$A_a : L^2(\boldsymbol{T}) \to L^2(\boldsymbol{T})$$

を

$$A_a f(e^{i\theta}) = f(e^{i(\theta-\psi)})$$

と定めることにより, $A_a\tilde{T}^a = \tilde{T}^r A_a$ となることがわかります.

$T_n\ (n \in \boldsymbol{Z})$ を d で定義した 1 次元表現とすると

$$\hat{M}(2) = \{T^a; a \in \boldsymbol{R}_+^\times\} \cup \{T_n; n \in \boldsymbol{Z}\}$$

となることが知られています.

j. $SL(2,R)$ の離散系列と極限離散系列

前項の g と h で $SL(2, F)$ の主系列表現について調べましたが, $F = R$ のときは, 離散系列および極限離散系列と呼ばれる既約ユニタリー表現が存在します. この表現は Bargmann が 1947 年に最初に構成しましたが, ここでは Bargmann による方法と, より一般的な Harish-Chandra による誘導表現を用いた方法を紹介します. 以下, $SL(2, R)$ と同型な群

$$G = SU(1,1) = \left\{ g = \begin{pmatrix} \alpha & \beta \\ \bar{\beta} & \bar{\alpha} \end{pmatrix} ; |\alpha|^2 - |\beta|^2 = 1, \alpha, \beta \in C \right\}$$

で話を進めます. この同型は Cayley 変換

$$g \mapsto CgC^{-1}, \quad C = \frac{1}{\sqrt{2}} \begin{pmatrix} 1 & -i \\ 1 & i \end{pmatrix}$$

により得られます.

Bargmann の方法: $n \geq 2$ なる自然数に対して, 単位円板 $D = \{z \in C; |z| < 1\}$ 上の Hilbert 空間を

$$\mathcal{H}_n = \Big\{ f : D \to C; f \text{ は } D \text{ 上の正則関数で} $$
$$\|f\|_n^2 = \frac{n-1}{\pi} \int_D |f(z)|^2 (1-|z|^2)^{n-2} dxdy < \infty \Big\}$$

とします. この空間は重みつき **Bergman 空間**と呼ばれます. ここで G の各要素 g が単位円板 D に

$$z \to zg = \frac{\bar{\alpha}z + \beta}{\bar{\beta}z + \alpha} \quad (z \in D)$$

として解析同型に作用することに注意して

$$(T_n(g)f)(z) = (\bar{\beta}z + \alpha)^{-n} f\left(\frac{\bar{\alpha}z + \beta}{\bar{\beta}z + \alpha}\right)$$

と定義します. このとき $(T_n, \mathcal{H}_n)$ は既約ユニタリー表現となることがわかり, この表現を**正則離散表現**と呼びます. また, 正則関数を反正則関数に置き換えても同様の表現が得られ, これを**反正則離散表現**と呼びます.

Harish-Chandra の方法: $G = SU(1,1)$ の複素化は $SL(2, \boldsymbol{C})$ です. このとき
$$BG \subset SL(2, \boldsymbol{C})$$
は開集合となり, 自然に $SL(2,C)$ の複素構造が入ります. $n \geq 2$ なる自然数に対して, B の表現 ζ_n を
$$\zeta_n \begin{pmatrix} a & 0 \\ b & a^{-1} \end{pmatrix} = a^{-n}$$
とし, BG 上の Hilbert 空間を

$$\tilde{\mathcal{H}}_n = \Big\{ F : BG \to \boldsymbol{C} \,; F \text{ は } BG \text{ 上の正則関数で}$$
$$F(bx) = \zeta_n(b)F(x) \quad (b \in B, x \in BG),$$
$$\|F\|_n^2 = \int_G |F(g)|^2 dg < \infty \Big\}$$

とします. ここで G の各要素 g の右側からの積が BG に解析同型として作用することに注意して
$$\left(\tilde{T}_n(g)F\right)(x) = F(xg) \quad (g \in G, x \in BG)$$
と定義します. このとき, $(\tilde{T}_n, \tilde{\mathcal{H}}_n)$ が既約ユニタリー表現となることがわかります.

ところで, $BG \subset \bar{N}AN$ に注意して, 写像
$$A : \mathcal{H}_n \to \tilde{\mathcal{H}}_n$$
を, $f \in \mathcal{H}_n$ に対して
$$Af \begin{pmatrix} 1 & z \\ 0 & 1 \end{pmatrix} = f(z)$$
と定めます. このとき, A は絡み作用素となり
$$T_n \cong \tilde{T}_n$$

となることがわかります. $\tilde{T}_n$ の形の方が, ユニタリー表現となることを容易に確かめることができます.

ところで, $n=1$ のとき, $\mathcal{H}_1$ は定義されません. そこで n を連続パラメータとみなして, ノルム $\|\cdot\|_1$ を

$$\|f\|_1 = \lim_{n\to 1} \frac{(n-1)}{\pi} \int_D |f(z)|^2(1-|z|^2)^{n-2}dxdy$$
$$= \lim_{r\to 1} \frac{1}{2\pi} \int_0^{2\pi} |f(re^{i\theta})|^2 d\theta$$

と定義し直します. すなわち, $\mathcal{H}_1$ は D 上の **Hardy 空間**

$$H^2(D) = \left\{ f : D \to \mathbf{C}; f \text{ は } D \text{ 上の正則関数で} \right.$$
$$\left. \|f\|_1 = \sup_{0<r<1} \frac{1}{2\pi} \int_0^{2\pi} |f(re^{i\theta})|^2 d\theta < \infty \right\}$$

に他なりません. この空間は多項式を含みますのでゼロではなく, また上の積分の値は $0<r<1$ に依らないことがわかります. このとき, $(T_1, \mathcal{H}_1)$ は既約ユニタリー表現となり, **極限正則離散表現**と呼ばれます. 正則関数の代わりに反正則関数を用いても同様の議論ができ, **極限反正則離散表現**が得られます.

Harish-Chandra の方法では, $n=1$ のとき, $\|\cdot\|_1$ ノルムを

$$\|F\|_1^2 = \int_K |F(uk)|^2 dk$$

に置き換えます. ここで u は

$$u = \frac{1}{\sqrt{2}} \begin{pmatrix} 1 & 1 \\ -1 & 1 \end{pmatrix}$$

なる要素です.

3

群上の調和解析

　Abel 群上の調和解析 (2.1.2 項) を思い出してみましょう. そこでは指標を用いて, Fourier 変換, Plancherel の公式, 逆変換公式などの話が展開されました. この章では局所コンパクト群の上にその類型を構成してみましょう. しかし, 多くの表現が無限次元となるため, 表現の対角成分の和であった指標を始めとし, いろいろなことが複雑化します. この章では基本的な一般論をまとめることにし, 具体的な例における計算は次の章で行うことにします.

3.1　行列要素とその直交性

　G を局所コンパクト群とし, 簡単のためユニモジュラーとします. $(T, \mathcal{H})$ を G のユニタリー表現とし, Hilbert 空間 $\mathcal{H}$ の内積を $\langle \cdot, \cdot \rangle_{\mathcal{H}}$ と表すことにしましょう. 他の Hilbert 空間に対しても同様の記法で内積を表すことにしますが, 誤解の無いときは, $\langle \cdot, \cdot \rangle$ と略すことにします. いま, $\mathcal{H}$ の二つの要素 v, w に対して

$$c_{v,w}(g) = \langle T(g)w, v \rangle_{\mathcal{H}} \quad (g \in G)$$

によって定まる G 上の関数を表現 T の v, w に対する**行列要素**と呼びます. Euclid 空間 $\boldsymbol{R}^n$ の基本単位ベクトルを e_i $(1 \leq i \leq n)$ としたとき, n 次正方行列 $A = (a_{ij})$ の (i, j) 成分 a_{ij} が

$$a_{ij} = \langle Ae_j, e_i \rangle_{\boldsymbol{R}^n}$$

と書けることから, $c_{v,w}(g)$ も行列要素と呼ばれます.

3.1.1 2乗可積分表現

ここで大事な表現のクラスを定義します.

定義 すべての $v, w \in \mathcal{H}$ に対して, $c_{v,w}$ が G 上の 2 乗可積分な関数となるとき, すなわち, $L^2(G)$ の要素となるとき, T を **2 乗可積分表現**と呼びます.

2 乗可積分表現の基本的な性質を述べましょう. ゼロでない $\mathcal{H}$ の要素 w を固定して, 作用素
$$A_w : \mathcal{H} \to L^2(G)$$
を, $v \in \mathcal{H}$ に対して
$$(A_w(v))(g) = c_{v,w}(g) \quad (g \in G)$$
によって定義します. このとき, A_w は T と G の左正則表現 $(T_L, L^2(G))$ (2.3.2 項 b) との絡み作用素となります. すなわち,
$$A_w T(g) = T_L(g) A_w$$
です. もし, T が既約であれば, w は巡回ベクトルとなり, 容易に A_w が単射であることがわかります. したがって, $(T, \mathcal{H})$ は 正則表現 $(T_L, L^2(G))$ の部分表現と同値になります. さらに, Schur の補題に注意すれば,
$$B_w : \mathcal{H} \to \mathcal{H}, \quad B_w v = \int_G \overline{A_w(v)(g)} T(g) w \, dg$$
が恒等作用素の正定数倍となっていることがわかります. すなわち, ある正定数 C_w が存在して
$$\langle c_{v_1, w}, c_{v_2, w} \rangle_{L^2(G)} = C_w \langle v_1, v_2 \rangle_{\mathcal{H}}$$
となります. さらに, 次の定理が成り立ちます.

定理 (直交関係) $(T, \mathcal{H})$ を既約 2 乗可積分表現としたとき, ある正数 $d(T)$ が存在し, すべての v_1, v_2, w_1, w_2 に対して
$$\langle c_{v_1, w_1}, c_{v_2, w_2} \rangle_{L^2(G)} = \frac{1}{d(T)} \langle v_1, v_2 \rangle_{\mathcal{H}} \langle w_1, w_2 \rangle_{\mathcal{H}}$$
となる. 同値でない二つの既約 2 乗可積分表現の行列要素は直交する.

3.1 行列要素とその直交性

この $d(T)$ を T の**形式的次元**と呼びます. G がコンパクト群のときは, すべての既約ユニタリー表現は有限次元表現であり, かつ 2 乗可積分表現となります. このとき, 表現の次元と形式的次元は一致します.

ここでは二つの例を紹介しますが, 詳しい計算は, 第 4,5 章で行います.

a. $SU(2)$ の 2 乗可積分表現

前章の 2.3.2 項 e で構成した既約ユニタリー表現

$$(T_l, V_l) \quad (l = 0, 1, 2, \cdots)$$

を考えましょう. $SU(2)$ はコンパクトですので, これらの表現は既約 2 乗可積分表現となります. V_l の基底は

$$e_k(z) = e_k(z_1, z_2) = \frac{1}{\sqrt{(l/2+k)!(l/2-k)!}} z_1^{l/2-k} z_2^{l/2+k},$$
$$k = -l/2, -l/2+1, \cdots, l/2$$

の形にとることができます. この基底は

$$k_\theta = \begin{pmatrix} e^{i\theta/2} & 0 \\ 0 & e^{-i\theta/2} \end{pmatrix}$$

なる G の要素に対して

$$(T_l(k_\theta)e_m)(z) = e^{-im\theta} e_m(z)$$

となり, $T_l(k_\theta)$ の固有ベクトルになっています.

さて e_n, e_m に対する行列要素は

$$a_\theta = \begin{pmatrix} \cos\theta/2 & i\sin\theta/2 \\ \sin\theta/2 & \cos\theta/2 \end{pmatrix}$$

なる G の要素に対して

$$c_{e_m, e_n}(a_\theta) = P_{mn}^{l/2}(\cos\theta)$$

となることが知られています. ここで $P_{mn}^{l/2}$ は **Jacobi 多項式**を用いて定義されます (第 4 章 4.3 節参照). ところで G の要素が一般に

$$g = k_\phi a_\theta k_\psi$$

と書けることに注意すれば

$$c_{e_n,e_m}(g) = e^{-im\phi}e^{-in\psi}P_{mn}^{l/2}(\cos\theta)$$

となります.

G 上の Haar 測度は G の要素の分解に従って

$$dg = \frac{1}{16\pi^2}\sin\theta d_\phi d\theta d\psi$$

と書けることがわかります（4.3 節参照）．これを用いて先の定理の直交関係を計算すると，G 上の直交関係は $P_{mn}^{l/2}$ の直交関係に他ならないことがわかります．形式的次元は

$$d(T_l) = l + 1$$

となり，実際の V_l の次元と一致します．

b.　$SU(1,1)$ の 2 乗可積分表現

前章の 2.3.2 項 j で構成した正則離散表現

$$(T_l, \mathcal{H}_l) \quad (l \geq 2)$$

を考えましょう．$\mathcal{H}_l$ の基底は

$$e_k(z) = z^k \quad (k = 0, 1, 2, \cdots)$$

の形にとることができます．この基底は

$$k_\theta = \begin{pmatrix} e^{i\theta/2} & 0 \\ 0 & e^{-i\theta/2} \end{pmatrix}$$

なる G の要素に対して

$$(T_l(k_\theta)e_m)(z) = e^{-i(l+m)}e_m(z)$$

となり，$T_l(k_\theta)$ の固有ベクトルになっています．

e_n, e_m に対する行列要素は

$$a_t = \begin{pmatrix} e^{t/2} & 0 \\ 0 & e^{-t/2} \end{pmatrix}$$

なる G の要素に対して

$$c_{e_m,e_n}(a_t) = \left(\frac{\Gamma(2l+n)}{\Gamma(2l)\Gamma(n+1)}\right)^{1/2}(1-r^2)$$

$$\times \begin{cases} \dfrac{1}{(n-m)!}r^{n-m}F(-m,l+n;n-m+1;r^2) & (m \leq n) \\ \dfrac{1}{(m-n)!}r^{m-n}F(-n,l+m;m-n+1;r^2) & (m \geq n) \end{cases}$$

となります.ただし, $r = \tanh(t/2)$ であり, $F(a,b;c;d)$ は **Gauss** の超幾何級数です.この場合は **Jacobi 多項式** となっています(第 4 章 4.6 節参照).ところで G の要素が一般に

$$g = k_\phi a_t k_\psi$$

と書けることに注意すれば,

$$c_{e_m,e_n}(g) = e^{-i(l+n)\psi}e^{-i(l+m)\phi}e_{e_m,e_n}(a_t)$$

となります.

G 上の Haar 測度は G の要素の分解に従って

$$dg = \frac{1}{8\pi}\sinh t\,d\phi dt d\psi$$

となることがわかります (4.6 節参照).これを用いて $|c_{e_m,e_n}(g)|^2$ を G 上で積分することができ, T_n が 2 乗可積分表現であることがわかります.さらに先の定理の直交関係を計算すると, G 上の直交関係は Jacobi の多項式 の直交関係に他ならないことがわかります.このとき,形式的次元は

$$d(T_n) = n - 1$$

となります.もとの T_n は無限次元表現でした.

3.1.2 有限次元表現の指標

$(T,\mathcal{H})$ を G の有限次元表現とします.このとき, G 上の関数 χ_T を

$$\chi_T(g) = \mathrm{Tr}T(g) = \sum_{i=1}^{d(T)}c_{e_i,e_i}(g) = \sum_{i=1}^{d(T)}\langle T(g)e_i,e_i\rangle_\mathcal{H}$$

により定義します．ここで $d(T)$ は $\mathcal{H}$ の次元で，$\{e_i; 1 \leq i \leq d(T)\}$ は $\mathcal{H}$ の正規直交基底です．このとき χ_T の定義は正規直交基底の取り方に依らないことがわかります．この χ_T を表現 T の**指標**と呼びます．容易に次の命題がわかります．

命題 T, T_i $(i=1,2)$ を有限次元表現とすると
(1) $T_1 \cong T_2$ ならば，$\chi_{T_1} = \chi_{T_2}$,
(2) $\chi_T(e) = d(T)$,
(3) $\chi_T(gxg^{-1}) = \chi_T(x)$ $(x, g \in G)$,
(4) $\chi_{T_1 \oplus T_2} = \chi_{T_1} + \chi_{T_2}$,
(5) $\chi_{T_1 \otimes T_2} = \chi_{T_1} \chi_{T_2}$,
(6) $\chi_{T^*}(x) = \chi_T(x^{-1})$ $(x \in G)$.

コンパクト群の行列要素の直交関係 (3.1.1 項参照) に注意すると容易に次の定理が得られます．

定理 T_i $(i=1,2)$ をコンパクト群の有限次元既約ユニタリー表現とすると

$$\langle \chi_{T_1}, \chi_{T_2} \rangle_{L^2(G)} = \begin{cases} 1 & (T_1 \cong T_2) \\ 0 & (T_1, T_2 \text{ は非同値}) \end{cases}$$

定理 T, T_i $(i=1,2)$ をコンパクト群の有限次元ユニタリー表現とすると
(1) T が既約である必要十分条件は，

$$\langle \chi_T, \chi_T \rangle_{L^2(G)} = 1,$$

(2) $T_1 \cong T_2$ である必要十分条件は

$$\chi_{T_1} = \chi_{T_2}.$$

ところで，有限次元表現 T に対して

$$\chi_T(xy) = \sum_{i=1}^{d(T)} \langle T(xy)e_i, e_i \rangle_{\mathcal{H}}$$
$$= \sum_{i=1}^{d(T)} \sum_{k=1}^{d(T)} \langle T(y)e_i, e_k \rangle_{\mathcal{H}} \langle T(x)e_k, e_i \rangle_{\mathcal{H}}$$
$$= \sum_{i=1}^{d(T)} \sum_{k=1}^{d(T)} c_{e_i,e_k}(x) c_{e_k,e_i}(y)$$

となることに注意します.

この計算と行列要素の直交関係の定理により，次の定理が得られます.

定理 $(T_1, \mathcal{H}_1), (T_2, \mathcal{H}_2)$ をコンパクト群の既約ユニタリー表現とすれば

$$\chi_{T_1} * c_{T_2,v,w} = \begin{cases} \dfrac{1}{d(T_1)} c_{T_1,v,w} & (T_1 \cong T_2), \\ 0 & (T_1, T_2 \text{ は非同値}) \end{cases}$$

となる.

ここで, $*$ は G 上の結合積で

$$f * h(g) = \int_G f(x) h(x^{-1}g) dx = \int_G f(gx^{-1}) h(x) dx$$

によって定義されます.

3.2　一般化された Fourier 変換

第1章のなかで, 周期 2π の可積分関数 f の Fourier 級数 c_n と実数直線上の可積分関数 F の Fourier 変換 $\hat{F}$ は

$$c_n = \frac{1}{2\pi} \int_{-\pi}^{\pi} f(\theta) e^{-in\theta} d\theta,$$

$$\hat{F}(\lambda) = \frac{1}{\sqrt{2\pi}} \int_{-\infty}^{\infty} F(x) e^{-i\lambda x} dx$$

によって定義されました.また適当な f, F に対しては逆変換公式

$$f(\theta) = \sum_{n=-\infty}^{\infty} c_n e^{in\theta},$$

$$F(x) = \frac{1}{\sqrt{2\pi}} \int_{-\infty}^{\infty} \hat{F}(\lambda) e^{i\lambda x} d\lambda$$

が成立しました.これらの結果を,群 $\boldsymbol{T}$ や $\boldsymbol{R}$ 上の解析とみなすことにより,共通の枠組で理解するのが我々の目標でした.では,e^{-inx} と $e^{-i\lambda x}$ は一体何なのでしょうか? $\boldsymbol{T}$ と $\boldsymbol{R}$ は局所コンパクト Abel 群であり,その既約ユニタリー表現はすべて 1 次元でした.実際,各群のユニタリー双対は

$$\hat{\boldsymbol{T}} = \{T_n; n \in \boldsymbol{Z}\}, \quad T_n(e^{i\theta}) = e^{in\theta},$$
$$\hat{\boldsymbol{R}} = \{T_\lambda; \lambda \in \boldsymbol{R}\}, \quad T_\lambda(x) = e^{i\lambda x}$$

で与えられます.ここに e^{-inx} や $e^{-i\lambda x}$ が現れました.すなわち,Fourier 級数や Fourier 変換は "G 上の関数を,既約ユニタリー表現を用いて展開すること" と解釈することができます.局所コンパクト Abel 群の場合は,その既約表現がすべて 1 次元ですので,この "表現" の意味を

◇ 表現
◇ 表現の行列要素
◇ 表現の指標

といずれにも解釈することができます.したがって,一般の局所コンパクト群 G においても,"G 上の関数を既約ユニタリー表現を用いて展開する" と言ったとき,同様の可能性が考えられます.次の 3.2.1 項では G がコンパクト群のときに,この枠組がどのようになるかを調べてみます.3.2.2 項, 3.2.3 項 では G が一般の局所コンパクト群のときに,指標がどのように定義されるのかをみてみましょう.逆変換については次の 3.3 節で調べます.

3.2.1 Peter-Weyl の定理

G をコンパクト群とします.G のユニタリー双対 $\hat{G}$ の要素 α –既約ユニタリー表現の同値類–に対して,α に属する既約ユニタリー表現を $(T_\alpha, \mathcal{H}_\alpha)$ と

3.2 一般化された Fourier 変換

します.この表現の次元を $d_\alpha = d(T_\alpha)$ としましょう.このとき,1927 年に Peter-Weyl は次の定理を証明しました.

定理 (Peter-Weyl) G をコンパクト群とし,$(T, L^2(G))$ をその右または左正則表現とする.このとき,T は次の形に既約分解される.

$$T = \bigoplus_{\alpha \in \hat{G}} d(\alpha) T_\alpha,$$
$$L^2(G) = \bigoplus_{\alpha \in \hat{G}} d(\alpha) \mathcal{H}_\alpha.$$

ここで,nT は $T \oplus T \oplus \cdots \oplus T$ (n 個の直和) を意味し,定理の $d(\alpha)$ を T_α の T における**重複度** (multiplicity) と呼びます.いま,$\mathcal{H}_\alpha$ の正規直交基底を $\{e_k^\alpha; 1 \leq k \leq d_\alpha\}$ とし,T_α の指標と行列要素を簡単のため

$$\chi_\alpha = \chi_{T_\alpha},$$
$$c_{i,j}^\alpha = c_{T_\alpha, e_i^\alpha, e_j^\alpha}$$

と書くことにしましょう.このとき,前項の定理に注意すれば上の定理は次の定理と同値になります.

定理 $L^2(G)$ の各要素 f は

$$\begin{aligned}f(g) &= \sum_{\alpha \in \hat{G}} d_\alpha \sum_{i=1}^{d_\alpha} \sum_{j=1}^{d_\alpha} \langle f, c_{i,j}^\alpha \rangle_{L^2(G)} c_{i,j}^\alpha(g) \\ &= \sum_{\alpha \in \hat{G}} d_\alpha \chi_\alpha * f(g) \\ &= \sum_{\alpha \in \hat{G}} d_\alpha \int_G \mathrm{Tr}\left(T_\alpha(gx^{-1})\right) f(x) dx\end{aligned}$$

と展開される.ここで各級数は $L^2(G)$ で収束する.

この行列要素,指標,表現を用いた展開を,さらに一般の局所コンパクト群へ拡張することが,群上の調和解析の主たる目標となります.

3.2.2 作用素値 Fourier 変換

G を局所コンパクト群とし，簡単のためユニモジュラーとします．$(T, \mathcal{H})$ を G のユニタリー表現としたとき，コンパクトな台をもつ連続関数 $f \in C_c(G)$ に対して，$\mathcal{H}$ 上の作用素 $T(f)$ を

$$T(f) = \int_G f(g) T(g) dg$$

によって定義します．$T(g)$ $(g \in G)$ はユニタリー作用素ですから，その作用素ノルム $\|T(g)\|$ は 1 となり，したがって，$T(f)$ の作用素ノルムは

$$\|T(f)\| \leq \|f\|_{L^1(G)}$$

となります．よって $T(f)$ は $f \in L^1(G)$ に対しても定義されることがわかります．この $T(f)$ を f の**作用素値 Fourier 変換**と呼びます．

$T(f)$ の行列要素は

$$\langle T(f)w, v\rangle_{\mathcal{H}} = \int_G f(g) \langle T(g)w, v\rangle_{\mathcal{H}} \quad (v, w \in \mathcal{H})$$

で与えられます．

$f, h \in L^1(G)$ の結合積 $f * h$ を前節 3.1.2 項のように定義し

$$\tilde{f}(g) = \bar{f}(g^{-1}) \quad (g \in G)$$

とすれば，次の命題が成立します．

命題 $f, h \in L^1(G)$ とすれば
(1) $T(f * h) = T(f) T(h)$,
(2) $T(\tilde{f}) = T(f)^*$.

実際，

$$\begin{aligned} T(f * h) &= \int_G \left(\int_G f(y) h(y^{-1}x) dy \right) T(x) dx \\ &= \int_G f(y) \left(\int_G h(x) T(yx) dx \right) dy \\ &= \int_G f(y) T(y) dy \int_G h(x) T(x) dx = T(f) T(h) \end{aligned}$$

であり，

$$\begin{aligned}
\langle T(\tilde{f})w, v\rangle_{\mathcal{H}} &= \langle \int_G \tilde{f}(g)T(g)dg\ w, v\rangle_{\mathcal{H}} \\
&= \int_G \bar{f}(g^{-1})\langle T(g)w, v\rangle_{\mathcal{H}}dg \\
&= \langle w, \int_G f(g^{-1})T(g^{-1})dg\ v\rangle_{\mathcal{H}} = \langle w, T(f)v\rangle_{\mathcal{H}}
\end{aligned}$$

となります．

3.2.3 スカラー値 Fourier 変換

G をユニモジュラーな局所コンパクト群とし，G のユニタリー表現を $(T, \mathcal{H})$ とします．ここでは，$\mathcal{H}$ を可分な Hilbert 空間とし，その正規直交基底を $e_1, e_2, e_3, \cdots$ とします．

定義 有界線形作用素 $A \in B(\mathcal{H})$ が

$$\|A\|_{HS}^2 = \sum_{i=1}^{\infty} \|Ae_i\|_{\mathcal{H}}^2 < \infty$$

を満たすとき，**Hilbert-Schmidt** 作用素といい，その全体を

$$B_{HS}(\mathcal{H})$$

と書くことにします．$\|\cdot\|_{HS}$ をノルムとして，ノルム空間になります．また

$$\sum_{i,j=1}^{\infty} \langle Ae_j, e_i\rangle_{\mathcal{H}} < \infty$$

を満たすとき，トレースクラスの作用素と言います．このとき

$$\mathrm{Tr}(A) = \sum_{i=1}^{\infty} \langle Ae_i, e_i\rangle_{\mathcal{H}}$$

とします．

明らかにこれらの定義は基底の取り方に依らないことがわかります．また，A が Hilbert-Schmidt 作用素となる必要十分条件は A^*A がトレースクラスとなることです．このとき

$$\|A\|_{HS}^2 = \mathrm{Tr}(A^*A)$$

です．

定義 $f \in L^1(G)$ に対して，$T(f)$ がトレースクラスであると仮定します．このとき

$$\hat{f}(T) = \mathrm{Tr}\,(T(f))$$

を T による f のスカラー値 **Fourier** 変換と呼びます．

$\mathrm{Tr}(A)$ が $\mathcal{H}$ の基底に依らないことから，$\hat{f}(T)$ が T を含む同値類の代表元の取り方に依らないことが容易にわかります．実際，$(T_1, \mathcal{H}_1)$ と $(T_2, \mathcal{H}_2)$ がユニタリー同値であれば，絡み作用素

$$A : \mathcal{H}_1 \to \mathcal{H}_2$$

が存在して，$AT_1(g) = T_2(g)A$ $(g \in G)$ となります．したがって $\{e_i\}$ が $\mathcal{H}_1$ の正規直交基底のとき，$\{Ae_i\}$ が $\mathcal{H}_2$ の正規直交基底になることに注意すれば

$$\mathrm{Tr}\,(T_1(f)) = \sum_{i=1}^{\infty} \langle \int_G f(g)T_1(g)dg\ e_i, e_i \rangle_{\mathcal{H}_1}$$
$$= \sum_{i=1}^{\infty} \langle \int_G f(g)A^{-1}T_2(g)A dg\ e_i, e_i \rangle_{\mathcal{H}_1}$$
$$= \sum_{i=1}^{\infty} \langle \int_G f(g)T_2(g)dg\ Ae_i, Ae_i \rangle_{\mathcal{H}_2} = \mathrm{Tr}\,(T_2(f))$$

となります．

命題 $f \in L^1(G)$ に対して，$T(f)$ がトレースクラスであると仮定します．このとき

$$f^y(g) = f(y^{-1}gy) \quad (y, g \in G)$$

とすれば, $f^y \in L^1(G)$ となり

$$\hat{f}(T) = (f^y)^\wedge(T)$$

が成り立ちます.

実際, $y \in G$ に対して,

$$T^y(g) = T(ygy^{-1}) \quad (g \in G)$$

とします. $A : \mathcal{H} \to \mathcal{H}$ を $Au = T(y^{-1})u$ とすれば

$$T^y(g)u = T(ygy^{-1})u = T(y)T(g)T(y^{-1})u$$

より, $AT^y(g) = T(g)A$ となります. したがって, $T \cong T^y$ となることから

$$\hat{f}(T) = \mathrm{Tr}\,(T(f)) = \mathrm{Tr}\,(T^y(f)) = \mathrm{Tr}\,(T(f^y)) = (f^y)^\wedge(T)$$

となります.

T が有限次元表現のときは

$$\mathrm{Tr}\,(T(g)) = \chi_T(g) \quad (g \in G)$$

ですから, $f \in L^1(G)$ に対して, $T(f)$ はトレースクラスの作用素となることがわかります. 実際, スカラー値 Fourier 変換は

$$\hat{f}(T) = \int_G f(g)\chi_T(g)dg$$

となり, 指標を使って書くことができます. では, T が無限次元のときにも

問題 1　$T(f)$ はトレースクラスになるか？
問題 2　指標に相当する関数はあるか？

次の項ではこれらの問題を考えてみましょう.

3.2.4 不変超関数と指標

群 G とその表現 $(T, \mathcal{H})$ は前項と同じとします.最初に G 上の超関数を定義したいのですが,細かい議論は省略しますので,$\boldsymbol{R}$ のときの Schwartz の超関数と同様に定義されると思ってスキップしても構いません.

$C_c^\infty(G)$ を G 上のコンパクトな台をもつ無限回微分可能な関数の全体とします.G 上の微分って何なの?と当然疑問に思われるでしょうが,G 上の微分は G の Lie 環 $\mathcal{G}$ を用いて定義されます.実際,$X \in \mathcal{G}$ に対して

$$(Xf)(g) = \frac{d}{dt} f(g \exp tX)|_{t=0}$$

なる形の微分作用素で定義されます.そして,$\mathcal{G}$ の普遍包絡環が G 上の不変微分作用素の全体と同一視されます."まえがき"で述べたように,この本では Lie 環 $\mathcal{G}$ には触れません.微分はあると思ってください.このとき,$C_c^\infty(\boldsymbol{R})$ と同じように,$C_c^\infty(G)$ にも自然な位相が入り,局所凸,完備,パラメトリック,Hausdorff 空間となります.

定義 $C_c^\infty(G)$ 上の連続線形汎関数

$$F : C_c^\infty(G) \to \boldsymbol{R}$$

を G 上の (Schwartz の) **超関数**と呼びます.とくに G 上の超関数 F が

$$F(f) = F(f^y) \quad (y \in G)$$

を満たすとき,F を**不変超関数**と呼びます.

たとえば,G 上の Dirac 関数

$$f \mapsto f(e)$$

は明らかに不変超関数です.このとき,前項の問題 1 の答えは次のように与えられます.

定理 $G = M(2),\ SL(2, \boldsymbol{F})$ とします. すべての $T \in \hat{G}$ に対して, $f \in C_c^\infty(G)$ であれば, $T(f)$ はトレースクラスの作用素となり

$$f \mapsto \hat{f}(T) = \mathrm{Tr}\,(T(f))$$

は G 上の不変超関数となる.

また前節の問題 2 の答えは次のようになります.

定理 $G = M(2),\ SL(2, \boldsymbol{F})$ とします. G 上の不変超関数 $f \mapsto \hat{f}(T)$ に対して, G 上の局所可積分関数 Θ_T が存在して

$$\hat{f}(T) = \mathrm{Tr}\,(T(f)) = \int_G f(g)\Theta_T(g)dg$$

となる.

このような Θ_T が存在するとき, 有限次元表現のときにならって, Θ_T を T の**指標**と呼ぶことにしましょう. この定理は Harish-Chandra により, G が半単純 Lie 群の場合に一般化されました.

ここでは $G = M(2),\ SL(2, \boldsymbol{F})$ の場合を紹介します.

a. $M(2)$

前章 2.3.2 項 i で扱った $T^r\ (r \in \boldsymbol{R}_+^\times)$ について考えてみましょう. このとき, $f \in C_c^\infty(G)$ に対して

$$\begin{aligned}
\hat{f}(T^r) = \mathrm{Tr}\,(T^r(f)) &= \frac{1}{(2\pi)^2} \int_0^{2\pi} \int_C f\begin{pmatrix} 1 & z \\ 0 & e^{i\theta} \end{pmatrix} T^r \begin{pmatrix} 1 & z \\ 0 & e^{i\theta} \end{pmatrix} dz d\theta \\
&= \frac{1}{(2\pi)^2} \int_0^{2\pi} \int_C f\begin{pmatrix} 1 & z \\ 0 & 1 \end{pmatrix} e^{i\Re(rze^{-i\theta})} dz d\theta \\
&= \frac{1}{(2\pi)^2} \int_0^{2\pi} \int_0^\infty \int_0^{2\pi} f\begin{pmatrix} 1 & ae^{i\phi} \\ 0 & 1 \end{pmatrix} e^{ira\cos(\phi-\theta)} a\, da\, d\phi\, d\theta \\
&= \frac{1}{2\pi} \int_C f\begin{pmatrix} 1 & z \\ 0 & 1 \end{pmatrix} J_0(r|z|) dz
\end{aligned}$$

$$= \frac{1}{(2\pi)^2} \int_0^{2\pi} \int_C f\begin{pmatrix} 1 & z \\ 0 & e^{i\theta} \end{pmatrix} J_0(r|z|)\delta_0(\theta) dz d\theta$$

となります．したがって

$$\Theta_{T^r}\begin{pmatrix} 1 & z \\ 0 & e^{i\theta} \end{pmatrix} = J_0(r|z|)\delta_0(\theta)$$

となります．ここで，J_0 は 0 次 Bessel 関数，δ_0 は Dirac の超関数です．

b.　$SL(2,F)$

前章 2.3.2 項 h, j で求めた G の既約ユニタリー表現に対して，その指標を与えます．具体的な計算方法は第 4 章 4.5 節，4.6 節を参照してください．

最初に指標 Θ_T は類関数であることに注意します．すなわち

$$\Theta_T(gxg^{-1}) = \Theta_T(x) \quad (x, g \in G)$$

ですから，各共役類 $G_x = \{gxg^{-1}; g \in G\}$ の上で一定の値を取ります．したがって，G は共役類の和集合として

$$G = \bigcup_{x \in G} G_x$$

と書けますから，各共役類 G_x の上で Θ_T の形がわかれば十分です．さらに，Θ_T は局所可積分関数ですから，G_x のある稠密な開集合 G_x' の上で完全に決定されてしまいます．G_x' の定義は後で与えますが

$$G' = \bigcup_{x \in G} G_x'$$

としたとき，この G' の要素を**正則要素**と呼びます．

$SL(2, \boldsymbol{C})$:

$$a_\alpha = \begin{pmatrix} \alpha & z \\ 0 & \alpha^{-1} \end{pmatrix} \quad (\alpha \in \boldsymbol{C}^\times)$$

とすれば，G の正則要素の全体は

$$G' = \bigcup_{\alpha \neq \pm 1} G_{a_\alpha}$$

で与えられます.

このとき, 主系列表現 (誘導表現) T_π ($\pi \in (\boldsymbol{C}^\times)^\wedge$) の指標は

$$\Theta_{T_\pi}(g) = \frac{\pi(\alpha) + \pi(\alpha^{-1})}{|\alpha - \alpha^{-1}|^2} \quad (g \in G_\alpha, \alpha \neq \pm 1)$$

となります.

$SL(2, \boldsymbol{R})$:

$$a_\alpha = \begin{pmatrix} \alpha & 0 \\ 0 & \alpha^{-1} \end{pmatrix}, \quad k_\theta = \begin{pmatrix} \cos\theta & -\sin\theta \\ \sin\theta & \cos\theta \end{pmatrix}$$

とすれば, G の正則要素の全体は

$$G' = \bigcup_{\alpha \neq \pm 1} G_{a_\alpha} \cup \bigcup_{\theta \neq 0, \pi} G_{k_\theta}$$

で与えられます.

このとき, 主系列表現 (誘導表現) T_π ($\pi \in (\boldsymbol{R}^\times)^\wedge$) の指標は

$$\Theta_{T_\pi}(g) = \begin{cases} \dfrac{\pi(\alpha) + \pi(\alpha^{-1})}{|\alpha - \alpha^{-1}|} & (g \in G_{a_\alpha}, \alpha \neq \pm 1), \\ 0 & (g \in G_{k_\theta}, \theta \neq 0, \pi) \end{cases}$$

となります. また, 離散系列 T_n ($n \in \boldsymbol{Z}, |n| \geq 2$) の指標は

$$\Theta_{T_n}(g) = \begin{cases} \dfrac{e^{-(|n|-1)t}}{|\alpha - \alpha^{-1}|}(-1)^{2nk} & (g \in G_{a_\alpha}, a_\alpha = (-1)^{2k}a_t, t \neq 0), \\ \dfrac{\operatorname{sgn}(n) e^{-i\operatorname{sgn}(n)(|n|-1)\theta}}{e^{i\theta} - e^{-i\theta}} & (g \in G_{k_\theta}, \theta \neq 0, \pi) \end{cases}$$

となります. ただし, $k = 0, 1/2$.

3.3 逆変換公式と Plancherel の公式

G をユニモジュラーな局所コンパクト群とし, かつ Type I とします. この Type I という条件は技術的なもので, 以下の定理の証明がうまくいくための条件ぐらいに思っておいてください. 詳しくは参考文献を参照してください. 例と

しては, Abel 群, コンパクト群, 連結べき零群, 連結半単純 Lie 群, $GL(n, \boldsymbol{F})$ などが Type I な群の例ですが, 連結可解 Lie 群は一般には Type I ではありません.

以下, G の Haar 測度 dg を固定しておきます. この節では G 上の Fourier 変換に対する逆変換公式と Plancherel の公式の一般論を述べますが, 具体的な例や計算は第 4 章を参照してください.

3.3.1 逆変換公式と Plancherel 測度

2.5 節で定義した Fourier 変換に対して次の逆変換公式が成り立ちます.

定理（逆変換公式） G のユニタリー双対 $\hat{G}$ に適当な正測度 μ が存在し, $f \in C_c^\infty(G)$ に対して

$$f(e) = \int_{\hat{G}} \hat{f}(T) d\mu(T) = \int_{\hat{G}} \mathrm{Tr}\,(T(f))\, d\mu(T)$$

となる.

この μ を **Plancherel 測度** と呼びます.

この定理で $f(x)$ を $f_g(x) = f(xg)\ (g \in G)$ で置き換えると

$$f_g(e) = f(g),$$

$$T(f_g) = \int_G f_g(x) T(x) dx = \int_G f(x) T(xg^{-1}) dx = T(f) T(g^{-1})$$

ですから, $f \in C_c^\infty(G)$ に対して

$$f(g) = \int_{\hat{G}} \mathrm{Tr}\,(T(f) T(g^{-1}))\, d\mu(T) \quad (g \in G)$$

となり, $\hat{f}$ の逆変換公式を得ます.

3.3.2 Plancherel の公式

前項の定理で, $\tilde{f}(g) = \bar{f}(g^{-1})$ とし, f を $f * \tilde{f}$ で置き換えれば

$$f * \tilde{f}(e) = \int_G f(g)\tilde{f}(g^{-1})dg = \int_G |f(g)|^2 dg = \|f\|_{L^2(G)}^2,$$

$$(f * \tilde{f})^\wedge(T) = \text{Tr}\left(T(f * \tilde{f})\right) = \text{Tr}\left(T(f)T(\tilde{f})\right)$$
$$= \text{Tr}\left(T(f)T(f)^*\right) = \|T(f)\|_{HS}^2$$

となります. したがって, $L^2(G)$ を $C_c^\infty(G)$ で近似することにより, 次の定理を得ることができます.

定理 (Plancherel の公式) $f \in L^2(G)$ に対して

$$\|f\|_{L^2(G)}^2 = \int_G \|T(f)\|_{HS}^2 d\mu(T)$$

最後に Plancherel 測度の例を挙げておきます. ただし, G の Haar 測度は 2.2.2 項のように正規化しておきます. また, 各表現のパラメーターは 2.3.2 項を参照してください. 具体的な計算方法は, 第 4 章で行います.

a. T

$$d\mu(T_n) = 1 \quad (n \in \mathbf{Z})$$

b. R

$$d\mu(T_\lambda) = \frac{1}{\sqrt{2\pi}} d\lambda$$

c. $SL(2, \mathbf{C})$

主系列表現を前章 2.3.2 項 g と同様に $T_{n,s}$ ($n \in \mathbf{Z}, n > 0, s \in \mathbf{R}$) と書きます. このとき

$$d\mu(T) = \begin{cases} \dfrac{1}{8\pi^3}(n^2 + s^2)ds & (T \cong T_{n,s}), \\ 0 & (その他) \end{cases}$$

となります.

d. $SL(2,R)$

前節 2.3.2 項 h, j で定義した主系列表現 $T_{h,s}$ および離散系列 D_n のパラメータ (h,s) および n を

$$j = \frac{h}{2}, \quad \nu = \frac{1}{2} + \frac{1}{2}i\lambda = \frac{1}{2} - \frac{1}{2}is,$$

$$l = \frac{n}{2}$$

と変えることにし,改めてそれらの表現を $T_{j,\nu}$ および D_l と書くことにします. $j = 0, 1/2, \lambda \in \mathbf{R}$ および $l \in \mathbf{Z}/2, |l| \geq 1$ となります. このとき

$$d\mu(T) = \begin{cases} \dfrac{1}{2\pi}\lambda \tanh \pi\lambda d\lambda & (T \cong T_{0,\nu}), \\ \dfrac{1}{2\pi}\lambda \coth \pi\lambda d\lambda & (T \cong T_{1/2,\nu}), \\ \dfrac{1}{4\pi}(2|l| - 1) & (T \cong D_l), \\ 0 & (その他) \end{cases}$$

となります. この場合, Plancherel 測度は連続パラメータと離散パラメータの各部分にサポートを持つことがわかります.

4
具体的な例

　前章では位相群の表現とそれを用いた群上の調和解析について基本的な考え方を学びました．各事項についていくつかの例を挙げておきましたが，この章では逆に位相群を固定しておいて，各事項がどのようになっているかをまとめてみましょう．この章で対象とする群は

　　[1]　$\boldsymbol{T}$　　（1次元トーラス群）

　　[2]　$\boldsymbol{R}^n$　　（n次元加法群）

　　[3]　$SU(2)$　　（2次特殊ユニタリー群）

　　[4]　$M(2)$　　（2次運動群）

　　[5]　$SL(2, \boldsymbol{C})$　　（2次複素特殊線形群）

　　[6]　$SL(2, \boldsymbol{R})$　　（2次実特殊線形群）

　　[7]　H_1　　（Heisenberg 群）

　　[8]　$ax+b$　　（1次元アフィン群）

です．各群は位相群を分類したときの分類の代表となっています．[1]はコンパクト Abel 群，[2]は非コンパクト Abel 群，[3]は非 Abel, コンパクト群，[4]は非 Abel, 非コンパクト群の最も簡単な例で半直積で定義されるもの，[5]

は複素半単純 Lie 群, [6] は実半単純 Lie 群, [7] はべき零 Lie 群, [8] は可解 Lie 群の最も簡単な例で半直積で定義されるものです.

この章ではこれらの各群について

(1) 群の定義

(2) Haar 測度

(3) ユニタリー双対

(4) 行列要素

(5) 指標

(6) Fourier 変換

(7) 逆変換公式と Plancherel 測度

(8) Plancherel の公式

を調べて見ましょう. 各項目についての説明は第 2 章, 第 3 章の各節を参照してください.

4.1　T

(1) 群の定義:

$$T \cong R/Z$$

であり, 位相群 R の $2\pi Z$ による商群です.

$$U(1) = \{e^{i\theta}; 0 \leq \theta < 2\pi\},$$

$$SO(2) = \left\{ \begin{pmatrix} \cos\theta & -\sin\theta \\ \sin\theta & \cos\theta \end{pmatrix} ; 0 \leq \theta < 2\pi \right\}$$

とも同型です.

(2) Haar 測度:
$$dg = \frac{1}{2\pi} d\theta$$
です. 実際は Lebesgue 測度 $d\theta$ の正定数倍が Haar 測度となりますが, $1/2\pi$ を付けて
$$\int_T 1 dg = 1$$
となるように正規化します.

(3) ユニタリー双対: $\mathcal{H} = \boldsymbol{C}$ とし, 各 $n \in \boldsymbol{Z}$ に対して
$$T_n(e^{i\theta})v = e^{in\theta}v \quad (v \in \mathcal{H})$$
とすれば
$$\hat{G} = \{T_n ; n \in \boldsymbol{Z}\} \cong \boldsymbol{Z}$$
となります. G はコンパクトなので, すべての T_n は 2 乗可積分表現です.

(4) 行列要素と (5) 指標: 1 を $\mathcal{H}$ の基底とすれば
$$\langle T_n(e^{i\theta})1, 1 \rangle_{\mathcal{H}} = e^{in\theta}$$
です. T_n は 1 次元表現ですので指標も同じです.

行列要素 (指標) の直交関係は
$$\frac{1}{2\pi} \int_0^{2\pi} e^{in\theta} e^{-im\theta} d\theta = \begin{cases} 1 & (n = m), \\ 0 & (n \neq m) \end{cases}$$
となります.

(6) Fourier 変換: $f \in C_c(G)$ に対して
$$\hat{f}(T_n) = \operatorname{Tr}(T_n(f)) = \int_G f(g) \chi_{T_n}(g) dg = \frac{1}{2\pi} \int_0^{2\pi} f(\theta) e^{in\theta} d\theta$$

(第 1 章と n の符号が逆になっていますが本質的な違いではありません.)

(7) 逆変換公式と Plancherel 測度：Fourier 級数の理論により

$$d\mu(T_n) = 1 \quad (n \in \mathbf{Z})$$

となります．したがって, $f \in C_c(G)$ に対して, $\hat{f}(n) = \hat{f}(T_n) = T_n(f)$ と書けば

$$\begin{aligned} f(e^{i\theta}) &= \int_{n \in \mathbf{Z}} \mathrm{Tr}\left(T_n(f) T_n(e^{-i\theta})\right) d\mu(T_n) \\ &= \sum_{n \in \mathbf{Z}} \hat{f}(n) e^{-in\theta} \end{aligned}$$

となり, 3.3.1 項の逆変換公式は $G = \mathbf{T}$ のとき, Fourier 級数の逆変換公式を意味することが確かめられました．

(8) Plancherel の公式：$f \in L^2(G)$ に対して

$$\frac{1}{2\pi} \int_0^{2\pi} |f(e^{i\theta})|^2 d\theta = \sum_{n \in \mathbf{Z}} |\hat{f}(n)|^2$$

となり, 3.3.2 項の Plancherel の公式は $G = \mathbf{T}$ のとき, Fourier 級数の Plancherel の公式を意味することが確かめられました．

4.2　$\boldsymbol{R}^n$

(1)　群の定義：加法群 $\boldsymbol{R}$ の n 個の直積群で

$$\boldsymbol{R}^n = \{x = (x_1, x_2, \cdots, x_n); x_i \in \boldsymbol{R}, 1 \leq i \leq n\}$$

です. 2 要素 $x = (x_1, x_2, \cdots, x_n)$, $y = (y_1, y_2, \cdots, y_n)$ の内積を

$$\langle x, y \rangle = \sum_{i=1}^n x_i y_i$$

とします．

(2)　Haar 測度：i 番目の $\boldsymbol{R}$ の Lebesgue 測度を dx_i とし,

$$\frac{1}{(\sqrt{2\pi})^n} dx = (\sqrt{2\pi})^{-n} dx_1 dx_2 \cdots dx_n$$

と正規化しておきます.

(3) ユニタリー双対：$\mathcal{H} = \mathbf{C}$ とし，各 $\xi \in \mathbf{R}^n$ に対して，

$$T_\xi(x)v = e^{i\langle x,\xi\rangle}v \quad (v \in \mathcal{H})$$

とすれば

$$\hat{G} = \{T_\xi; \xi \in \mathbf{R}^n\} \cong \mathbf{R}^n$$

となります.

(4) 行列要素と (5) 指標：1 を $\mathcal{H}$ の基底とすれば,

$$\langle T_\xi(x)1, 1\rangle_\mathcal{H} = e^{i\langle x,\xi\rangle}$$

となります. T_ξ は 1 次元表現ですので指標も同じです.

(6) Fourier 変換：$f \in C_c^\infty(G)$ に対して

$$\hat{f}(T_\xi) = \mathrm{Tr}\,(T_\xi(f)) = \int_G f(g)\chi_{T_\xi}(g)dg$$
$$= \frac{1}{(2\pi)^{n/2}} \int_{\mathbf{R}^n} f(x)e^{i\langle x,\xi\rangle}dx$$

(第 1 章と ξ の符号が逆になっていますが本質的な違いではありません.)

(7) 逆変換公式と Plancherel 測度：Fourier 変換の理論より

$$d\mu(T_\xi) = \frac{1}{(\sqrt{2\pi})^n}d\xi$$

となります. したがって, $f \in C_c^\infty(G)$ に対して, $\hat{f}(\xi) = \hat{f}(T_\xi) = T_\xi(f)$ と書けば

$$f(x) = \int_{\mathbf{R}^n} \mathrm{Tr}\,(T_\xi(f)T_\xi(-x))\,d\mu(T_\xi)$$
$$= \frac{1}{(2\pi)^{n/2}} \int_{\mathbf{R}^n} \hat{f}(\xi)e^{-i\langle x,\xi\rangle}d\xi$$

となり, 3.3.1 項の逆変換公式が $G = \mathbf{R}^n$ のとき, Fourier 変換の逆変換公式を意味することが確かめられました.

(8) Plancherel の公式：$f \in L^2(G)$ に対して

$$\frac{1}{(2\pi)^{n/2}} \int_{\boldsymbol{R}^n} |f(x)|^2 dx = \frac{1}{(2\pi)^{n/2}} \int_{\boldsymbol{R}^n} |\hat{f}(\xi)|^2 d\xi$$

となり，3.3.2 項の Plancherel の公式が $G = \boldsymbol{R}^n$ のとき，Fourier 変換の Plancherel の公式を意味することが確かめられました．

4.3 $SU(2)$

(1) 群の定義：2 次の複素正方行列 A で，$A^*A = I, \det A = 1$ となるもの全体です．したがって

$$SU(2) = \left\{ g = \begin{pmatrix} \alpha & -\beta \\ \bar{\beta} & \bar{\alpha} \end{pmatrix}; |\alpha|^2 + |\beta|^2 = 1, \alpha, \beta \in \boldsymbol{C} \right\}$$

となります．また，S^3 を 3 次元球面

$$S^3 = \{(x_1, x_2, x_3, x_4); x_1^2 + x_2^2 + x_3^2 + x_4^2 = 1, x_i \in \boldsymbol{R}, 1 \le i \le 4\}$$

とすれば

$$(x_1, x_2, x_3, x_4) \to \begin{pmatrix} x_1 + ix_2 & -x_3 + ix_4 \\ x_3 + ix_4 & x_1 - ix_2 \end{pmatrix}$$

は S^3 と $SU(2)$ の位相同型を与えることがわかります．

$SU(2)$ の部分群を

$$A = \left\{ a_\theta = \begin{pmatrix} \cos(\theta/2) & i\sin(\theta/2) \\ i\sin(\theta/2) & \cos(\theta/2) \end{pmatrix}; 0 \le \theta < 4\pi \right\}$$

$$K = \left\{ k_\theta = \begin{pmatrix} e^{i\theta/2} & 0 \\ 0 & e^{-i\theta/2} \end{pmatrix}; 0 \le \theta < 4\pi \right\}$$

とすれば，**Cartan 分解**

$$G = KAK = \left\{ \begin{pmatrix} \cos(\theta/2)e^{i(\phi+\psi)/2} & i\sin(\theta/2)e^{i(\phi-\psi)} \\ i\sin(\theta/2)e^{-i(\phi-\psi)} & \cos(\theta/2)e^{-i(\phi+\psi)/2} \end{pmatrix}; \right.$$

$$\left. 0<\theta<\pi, 0\leq\phi<2\pi, 0\leq\psi<4\pi \right\}$$

となります. このとき, (ϕ,θ,ψ) は **Euler** 角と呼ばれます.

(2) Haar 測度: $SU(2) \cong S^3$ を用いて, $\boldsymbol{R}^4$ の極座標を

$$\begin{cases} x_1 = \cos\theta & (0 \leq \theta \leq \pi), \\ x_2 = \sin\theta\cos\phi & (0 \leq \phi \leq \pi), \\ x_3 = \sin\theta\sin\phi\cos\psi & (0 \leq \psi \leq 2\pi), \\ x_4 = \sin\theta\sin\phi\sin\psi & \end{cases}$$

とすれば, $SU(2)$ の正規化された Haar 測度は

$$dg = \frac{1}{2\pi^2}\sin^2\theta\sin\phi d\theta d\phi d\psi$$

と書くことができます. 上の極座標は

$$G_0 = \{(\cos\theta, \pm\sin\theta, 0, 0); 0 \leq \theta \leq \pi\}$$

で一意ではありませんが, このような集合は測度ゼロなので無視することができます. また, Cartan 分解 $G = KAK$ に従って Euler 座標を

$$\begin{cases} x_1 = \cos(\theta/2)\cos((\phi+\psi)/2) \\ x_2 = \cos(\theta/2)\sin((\phi+\psi)/2) \\ x_3 = \sin(\theta/2)\sin((\phi-\psi)/2) \\ x_4 = \sin(\theta/2)\cos((\phi-\psi)/2) \end{cases}$$

とすれば

$$dg = \frac{1}{16\pi^2}\sin\theta d\phi d\theta d\psi$$

と書くことができます.

(3) ユニタリー双対: 2.3.2 項 e と同様に, $\mathcal{H}_l$ ($l = 0, 1, 2, \cdots$) を z_1, z_2 の l 次の斉次多項式の全体

$$V_l = \mathrm{Span}_{\boldsymbol{C}}\{z_1^l, z_1^{l-1}z_2, \cdots, z_1 z_2^{l-1}, z_2^l\}$$

とし，その内積を

$$\langle \sum_{k=0}^{l} c_k z_1^k z_2^{l-k}, \sum_{k=0}^{l} d_k z_1^k z_2^{l-k} \rangle = \sum_{k=0}^{l} k!(l-k)! c_k \bar{d}_k$$

と定義します．$\mathcal{H}_l$ は $l+1$ 次元の Hilbert 空間となります．

ここで

$$(T_l(g)f)(z_1, z_2) = f((z_1, z_2)g) = f(\alpha z_1 + \bar{\beta} z_2, -\beta z_1 + \bar{\alpha} z_2)$$

とすると，各 T_l は既約ユニタリー表現となります．以下，実際に確かめてみましょう．T_l が 2.3.1 項の定義で与えた表現となるための条件を満たすことは，直接示せばできますので，各自試してみてください．ここでは，T_l のユニタリー性と既約性の証明を与えます．

ユニタリー性：$\mathcal{H}_l$ の任意の要素 f, h に対して

$$(\star) \quad \langle T_l(g)f, T_l(g)h \rangle = \langle f, h \rangle$$

となることを示せば，$T_l(g)$ がユニタリー作用素であることがわかります．$T_l(g)$ は線形作用素ですから，f, h が $\mathcal{H}_l$ の基底であるときに示せば十分です．ところで

$$S = \{(az_1 + bz_2)^l; a, b \in \boldsymbol{C}\}$$

は $\mathcal{H}_l$ の基底を含むことが容易にわかりますから，結局 S の要素 f, h に対して $(\star)$ を示せば良いことになります．

$$f(z_1, z_2) = (az_1 + bz_2)^l = \sum_{k=0}^{l} \binom{l}{k} a^k b^{l-k} z_1^k z_2^{l-k}$$

$$h(z_1, z_2) = (cz_1 + dz_2)^l = \sum_{k=0}^{l} \binom{l}{k} c^k d^{l-k} z_1^k z_2^{l-k}$$

とすると

$$\langle f, h \rangle = \sum_{k=0}^{l} \binom{l}{k}^2 k!(l-k)! (a\bar{c})^k (b\bar{d})^{l-k} = l!(a\bar{c} + b\bar{d})^l$$

となります.
　一方
$$(T_l(g)f)(z_1, z_2) = \bigl(a(\alpha z_1 + \bar\beta z_2) + b(-\beta z_1 + \bar\alpha z_2)\bigr)^l$$
$$= \bigl((a\alpha - b\beta)z_1 + (a\bar\beta + b\bar\alpha)z_2\bigr)^l$$

となり,同様に
$$(T_l(g)h)(z_1, z_2) = \bigl((c\alpha - d\beta)z_1 + (c\bar\beta + d\bar\alpha)z_2\bigr)^l$$

となります.よって
$$\langle T_l(g)f, T_l(g)h \rangle$$
$$= l!\bigl((a\alpha - b\beta)(\bar c\bar\alpha - \bar d\bar\beta) + (a\bar\beta + b\bar\alpha)(\bar c\beta + \bar d\alpha)\bigr)^l$$
$$= l!(a\bar c + b\bar d)^l$$
$$= \langle f, h \rangle$$

となり求める結果が得られました.

既約性:Schur の補題を用いて示します.いま,線形作用素
$$A : \mathcal{H}_l \to \mathcal{H}_l$$

が
$$(\star\star) \quad AT_l(x) = T_l(x)A \quad (x \in G)$$

を満たしているとしましょう.ここで,$\mathcal{H}_l$ の正規直交基底として,次の (4) で与える
$$e_k(z) = e_k(z_1, z_2) = \frac{1}{\sqrt{(l/2 + k)!(l/2 - k)!}} z_1^{l/2-k} z_2^{l/2+k},$$

をとることにしましょう.この基底は
$$(T_l(k_\theta)e_m)(z) = e^{-im\theta} e_m(z)$$

となるので,$T_l(k_\theta)$ の固有ベクトルです.したがって,$(\star\star)$ で $x = k_\theta$ とし,e_m に作用させれば
$$T_l(k_\theta)Ae_m = AT_l(k_\theta)e_m = e^{-im\theta} Ae_m$$

となります.よって Ae_m は e_m の定数倍でなくてはなりません.

$$Ae_m = c_m e_m$$

としましょう.次に (★★) で $x = a_\theta$ としてみましょう.

$$T_l(a_\theta) e_{l/2} = \frac{1}{\sqrt{l!}} (-i \sin(\theta/2) z_1 + \cos(\theta/2) z_2)^l = \sum d_m(\theta) e_m$$

と書けば,d_m は恒等的にゼロとはならないことに注意してください.よって (★★) で $x = a_\theta$ とし,$e_{l/2}$ に作用させれば

$$T_l(a_\theta) A e_{l/2} = c_{l/2} T_l(a_\theta) e_{l/2} = c_{l/2} \sum d_m(\theta) e_m$$

となり,一方では

$$A T_{l/2}(a_\theta) e_{l/2} = A \sum d_m(\theta) e_m = \sum c_m d_m(\theta) e_m$$

となります.したがって (★★) の両辺を比較して

$$c_m = c_{l/2} \quad (m = -l/2, -l/2+1, \cdots, l/2-1)$$

となり,A がスカラー作用素であることがわかりました.よって Schur の補題により,T_l は既約です.

以上により,T_l が既約ユニタリー表現であることがわかりました.

さらに次の (5) で計算する指標とその直交性を用いると,G のすべての既約ユニタリー表現は,T_l のいずれかとユニタリー同値であることがわかります.

実際,T を G の既約ユニタリー表現とし,各 T_l ($l = 0, 1, 2, \cdots$) とはユニタリー同値でないとしてみましょう.G はコンパクト群ですから,T は有限次元表現となり,その指標を χ とします.χ は類関数ですので容易に $\chi(k_\theta)$ は偶関数となることがわかります.よって

$$\zeta(\theta) = \chi(k_{2\theta}) \sin\theta \quad (0 \leq \theta \leq 2\pi)$$

は周期 2π の奇関数となります.ここで $\zeta(\theta)$ の Fourier sin 係数を計算してみましょう.次の (5) で計算する χ_{T_l} の具体的な形,指標の直交性,類関数の積分

公式 ((5) の (⋆), (⋆⋆), (⋆⋆⋆)) を使うと

$$\langle \zeta, \sin n\theta \rangle = \frac{1}{2\pi} \int_0^{2\pi} \zeta(\theta) \sin(n\theta) d\theta$$

$$= \frac{1}{4\pi} \int_0^{4\pi} \chi(k_\theta) \sin(\theta/2) \sin(n\theta/2) d\theta$$

$$= \frac{1}{4\pi} \int_0^{4\pi} \chi(k_\theta) \chi_{T_{n-1}}(k_\theta) (\sin(\theta/2))^2 d\theta$$

$$= \frac{1}{2} \langle \chi, \chi_{T_{n-1}} \rangle = 0$$

となります. したがって, Fourier 係数がすべてゼロですので, $\zeta \equiv \chi \equiv 0$ となり矛盾です. よって, T はある T_l とユニタリー同値でなければなりません.

以上のことから

$$\hat{G} = \{T_l; l = 0, 1, 2, \cdots\}$$

となります. G はコンパクトですので, これらは 2 乗可積分表現です.

(4) **行列要素と指標**: $\mathcal{H}_l$ の正規直交基底は

$$e_k(z) = e_k(z_1, z_2) = \frac{1}{\sqrt{(l/2+k)!(l/2-k)!}} z_1^{l/2-k} z_2^{l/2+k},$$

$$k = -l/2, -l/2+1, \cdots, l/2$$

で与えられます. このとき

$$(T_l(k_\theta)e_m)(z) = e^{-im\theta} e_m(z)$$

が容易にわかります.

ここで行列要素

$$\langle T_l(a_\theta)e_n, e_m \rangle_{\mathcal{H}_l}$$

を計算してみましょう.

$$(T_l(a_\theta)e_n)(z_1, z_2) = \frac{1}{\sqrt{(l/2+n)!(l/2-n)!}}$$

$$\times (\cos(\theta/2)z_1 + i\sin(\theta/2)z_2)^{l/2-n} (i\sin(\theta/2)z_1 + \cos(\theta/2)z_2)^{l/2+n}$$

ですから，求める行列要素を計算するには，基底の定義と上の式の Taylor 展開に注意して

$$\sqrt{(l/2+m)!(l/2-m)!} \cdot \frac{1}{(l/2+m)!}\left(\frac{\partial}{\partial z_2}\right)^{l/2+m} T_l(a_\theta)e_n(z_1,z_2)|_{z_2=0}$$

の z_1 の係数をみれば良いことがわかります．細部は省略しますが，この計算と以下に述べる Jacobi 多項式の定義式を比較して

$$\langle T_l(a_\theta)e_n, e_m\rangle_{\mathcal{H}_l} = P_{mn}^{l/2}(\cos\theta)$$

と書けることがわかります．ただし，

$$P_{ij}^k(x) = P_{k+i}^{(j-i,-j-i)}(x)$$
$$\times \left(\frac{(k+j)!(k-j)!}{(k+i)!(k-i)!}\right)^{1/2}(-1)^{(j-i)/2}(1-x)^{(j-i)/2}(1+x)^{-(i+j)/2}$$

であり，最初の $P_k^{(i,j)}(x)$ は **Jacobi 多項式**

$$P_k^{(i,j)} = \frac{(-1)^k}{2^k k!}(1-x)^{-i}(1+x)^{-j}$$
$$\times \frac{d^k}{dx^k}\left((1-x)^{i+k}(1+x)^{j+k}\right)$$

です．$i=j=0$ のときは **Legendre 多項式**です．

一般の行列要素を $T_l^{mn}(g)$ と書くことにしましょう．すなわち

$$T_l^{mn}(g) = c_{T_l,e_m,e_n}(g) = \langle T_l(g)e_n, e_m\rangle_{\mathcal{H}}$$

です．G の Cartan 分解 $G = KAK$ により，G の各要素は

$$g = k_\phi a_\theta k_\psi$$

と書くことができます．このような g に対して先の計算を使えば

$$T_l^{mn}(g) = \langle T_l(g)e_n, e_m\rangle_{\mathcal{H}_l} = e^{-i(m\phi+n\psi)}P_{mn}^{l/2}(\cos\theta)$$

となります．

このとき, 3.1.1 項の定理で述べた行列要素の直交関係は

$$\int_G T_l^{mn}(g)\bar{T}_{l'}^{m'n'}(g)dg = \frac{1}{l+1}\delta_{nn'}\delta_{mm'}\delta_{ll'}$$

となります. この関係式は本質的に $P_{mn}^{l/2}$ の直交関係

$$\frac{1}{2}\int_0^\pi P_{mn}^{l/2}(\cos\theta)P_{mn}^{l'/2}(\cos\theta)\sin\theta d\theta = \frac{1}{l+1}\delta_{ll'}$$

に他ならないことがわかります. とくに $m=n=0$ のときは, Legendre 多項式の直交関係が得られます.

(5) 指標: $\chi_{T_l}(g)$ を計算しましょう. その定義より

$$\chi_{T_l}(g) = \sum_{k=-l/2}^{l/2} T_l^{kk}(g) = \sum_{k=-l/2}^{l/2} \langle T_l(g)e_k, e_k\rangle_{\mathcal{H}_l}$$

ですが, Cartan 分解 $G=KAK$ を使うと

$$\sum_{k=-l/2}^{l/2} e^{-i(k\phi+k\psi)} P_{kk}^{l/2}(\cos\theta)$$

を計算することになります. この計算をしても良いのですが, ここでは類関数である指標が共役類で一定の値を取ることに注目しましょう.

G の正則要素の全体 G' は固有値が ± 1 でない G の要素の全体となります.

$$G' = \bigcup_{0<\theta<4\pi} G_{k_\theta}$$

したがって, k_θ での値を決めれば指標は完全に決定されます. 実際

$$\chi_{T_l}(k_\theta) = \sum_{k=-l/2}^{l/2} e^{-ik\theta} = \frac{\sin((l+1)\theta/2)}{\sin(\theta/2)}$$

ですから

$$(\star) \quad \chi_{T_l}(g) = \Theta_{T_l}(g) = \frac{\sin((l+1)\theta/2)}{\sin(\theta/2)}, \quad g \in G_{k_\theta}$$

となります.ところで, (2) の極座標による Haar 測度の分解を用いれば,類関数 f に対して

$$(\star\star) \quad \int_G f(x)dx = \frac{1}{2\pi}\int_0^{4\pi} f(k_\theta)\,(\sin(\theta/2))^2\,d\theta$$

となることがわかります.よって

$$(\star\star\star) \quad \langle \chi_{T_m}, \chi_{T_n}\rangle = \frac{1}{2\pi}\int_0^{4\pi} \sin\left(\frac{(n+1)\theta}{2}\right)\sin\left(\frac{(m+1)\theta}{2}\right)d\theta$$

$$= \begin{cases} 1 & (n=m), \\ 0 & (n \neq m) \end{cases}$$

となり, 3.1.2 項で述べた指標の直交性が直接確かめられます.

(6) Fourier 変換:作用素値 Fourier 変換は, $f \in C^\infty(G)$ に対して

$$T_l(f) = \int_G f(g)T_l(g)dg$$

でしたから,その行列要素は

$$T_l^{ij}(f) = \langle f, \bar{T}_l^{ij}\rangle_{L^2(G)}$$

となります.

(7) 逆変換公式と Plancherel 測度:

$$d\mu(T_l) = l+1 \quad (l=0,1,2,\cdots)$$

となります.実際,先の行列要素の直交性と Peter-Weyl の定理より

$$\{\sqrt{l+1}\bar{T}_l^{ij}; i,j = -l/2, -l/2+1, \cdots, l/2\}$$

が $L^2(G)$ の正規直交基底となることがわかります.ところで

$$\mathrm{Tr}\left(T_l(f)T_l(g^{-1})\right) = \sum_{i,j=-l/2}^{l/2} T_l^{ij}(f)T_l^{ji}(g^{-1})$$

$$= \sum_{i,j=-l/2}^{l/2} \langle f, \bar{T}_l^{ij}\rangle_{L^2(G)} \bar{T}_l^{ij}(g)$$

$$= \frac{1}{l+1}\sum_{i,j=-l/2}^{l/2} \langle f, \sqrt{l+1}\bar{T}_l^{ij}\rangle_{L^2(G)} \sqrt{l+1}\bar{T}_l^{ij}(g)$$

ですから, 容易に

$$f(g) = \sum_{l=0,1,2,\cdots} (l+1)\mathrm{Tr}\left(T_l(f)T_l(g^{-1})\right)$$

となります.

(8) Plancherel の公式 : $f \in L^2(G)$ に対して

$$\|f\|_{L^2(G)}^2 = \sum_{l=0,1,2,\cdots} (l+1)\|T_l(f)\|_{HS}^2$$

となります.

注意 1 : (5) で T_l $(l=0,1,2,\cdots)$ の指標を計算しましたが, その結果を使うと

$$\begin{aligned}
\chi_{T_l \otimes T_{l'}} &= \chi_{T_l}(k_\theta)\chi_{T_{l'}}(k_\theta) \\
&= \sum_{m=-l/2}^{l/2} e^{im\theta} \sum_{n=-l'/2}^{l'/2} e^{in\theta} \\
&= \sum_{p=|l-l'|}^{l+l'} \sum_{q=-p/2}^{p/2} e^{iq\theta} \\
&= \sum_{p=|l-l'|}^{l+l'} \chi_{T_p}(k_\theta)
\end{aligned}$$

となります. このことは, 表現 $T_l \otimes T_{l'}$ が

$$T_l \otimes T_{l'} = T_{l+l'} \oplus T_{l+l'-1} \oplus \cdots \oplus T_{|l-l'|}$$

と直和分解することを意味します. この分解公式は **Clebsch-Gordan** の公式と呼ばれます.

注意 2 : (7) で $SU(2)$ 上の Fourier 逆変換公式と Plancherel 測度を計算しましたが, 方法は指標の直交性や Peter-Weyl の定理を用いるものでした. したがって $SU(2)$ がコンパクトであることが本質であり, 一般の非コンパクト群には用いることはできません. ここでは別のアプローチを紹介します.

出発は G 上の積分を共役類 G_{k_θ} 上の積分に分解する **Weyl** の積分公式

$$\int_G f(g)dg = \frac{1}{2}\int_0^{4\pi} |e^{i\theta/2} - e^{-i\theta/2}|^2 \left(\int_G f(xk_\theta x^{-1})dx\right)\frac{dk_\theta}{4\pi}$$

です．この積分公式の証明は省略しますが，f を類関数に限れば，(5) で述べた積分公式 (★★) と一致します．

さて，$f \in C^\infty(G)$ に対して

$$F_f^K(\theta) = (e^{i\theta/2} - e^{-i\theta/2})\int_G f(xk_\theta x^{-1})dx$$

と置くと，Weyl の積分公式は

$$\int_G f(g)dg = \frac{1}{2}\int_0^{4\pi} (e^{-i\theta/2} - e^{i\theta/2})F_f^K(\theta)\frac{dk_\theta}{4\pi}$$

となります．ここで指標 $\chi_{T_l} = \Theta_{T_l}$ が共役類で一定であること，および (5) で求めた $\Theta_{T_l}(k_\theta)$ の値に注意すれば

$$\mathrm{Tr}\,(T_l(f)) = \hat{f}(T_l) = \int_G f(g)\Theta_{T_l}(g)dg$$
$$= \frac{1}{2}\int_0^{4\pi}(e^{-i\theta/2} - e^{i\theta/2})\Theta_{T_l}(k_\theta)F_f^K(\theta)\frac{dk_\theta}{4\pi}$$
$$= -\frac{1}{2}\int_0^{4\pi}(e^{i(l+1)\theta/2} - e^{-i(l+1)\theta/2})F_f^K(\theta)\frac{dk_\theta}{4\pi}$$

となります．ここで，$l+1$ を左辺にかけると

$$(l+1)\mathrm{Tr}\,(T_l(f)) = i\int_0^{4\pi}\frac{d}{d\theta}(e^{i(l+1)\theta/2} + e^{-i(l+1)\theta/2})F_f^K(\theta)\frac{dk_\theta}{4\pi}$$

となり，$\sum_{l=0}^\infty$ を計算すると，$l=0$ の項は 0 となることに注意して，

$$\sum_{l=0}^\infty (l+1)\mathrm{Tr}\,(T_l(f)) = \sum_{n=-\infty}^\infty i\int_0^{4\pi}\frac{d}{d\theta}e^{in\theta/2}F_f^K(\theta)\frac{dk_\theta}{4\pi}$$
$$= \sum_{n=-\infty}^\infty \frac{1}{i}\int_0^{4\pi}e^{in\theta/2}\frac{d}{d\theta}F_f^K(\theta)\frac{dk_\theta}{4\pi}$$
$$= \frac{1}{i}\frac{d}{d\theta}F_f^K(\theta)|_{\theta=0}$$

となります．第2式への変形は部分積分を行い，第3式へ変形は関数の Fourier 係数の和がその関数の 0 での値になることから明らかです．ところで

$$\frac{d}{d\theta}F_f^K(\theta) = \frac{i}{2}(e^{i\theta/2} + e^{-i\theta/2})\int_G f(xk_\theta x^{-1})dx$$

$$+ (e^{i\theta/2} - e^{-i\theta/2})\frac{d}{d\theta}\int_G f(xk_\theta x^{-1})dx$$

ですから

$$\frac{d}{d\theta}F_f^K(\theta)|_{\theta=0} = if(e)$$

となります．よって前の式と組み合わせれば

$$\sum_{l=0}^{\infty}(l+1)\mathrm{Tr}\left(T_l(f)\right) = f(e)$$

が得られました．

一般の G に対して，この方法を用いて Fourier 逆変換公式を得るには，次のような道具をそろえれば良いことがわかります．

(a) G 上の積分を共役類の上の積分に分解する公式
(b) 指標 Θ の式
(c) $f(e)$ を f の共役類上の積分 F_f の微分で表す式

実際，後のいくつかの例では，この枠組を使って逆変換公式を計算します．

注意3：注意2の (a) の積分公式は **Weyl の積分公式**と呼ばれます．きちんとした形で述べるには，Lie 環の勉強が必要ですが，一応形だけを述べておきましょう．

定理 G をコンパクト半単純 Lie 群とし，単連結とします．T を G の極大トーラス，Δ^+ を (G,T) の正ルート，ρ を正ルートの和の半分，$W(G,T)$ を (G,T) の Weyl 群とすると

$$\int_G f(x)dx = \frac{1}{|W(G,T)|}\int_T \left(\int_G f(gtg^{-1})dg\right)|D_T(t)|^2 dt,$$

$$D_T(t) = \xi_\rho(t) \prod_{\alpha \in \Delta^+} (1 - \xi_{-\alpha}(t)) \quad (t \in T)$$

となる.

一般に G がコンパクトでないときは, Cartan 部分群が

$$H_1, H_2, \cdots, H_r$$

と複数個存在し (コンパクトな Cartan 部分群が極大トーラス T です), 上の式は

$$\int_G f(x)dx = \sum_{i=1}^r \frac{1}{|W_i(G, H_i)|} \int_{H_i} \left(\int_G f(gh_i g^{-1})dg \right) |D_{H_i}(h_i)|^2 dh_i$$

の形になります. また, G/H_i 上には適当な G 不変測度が存在し, これを dg_i とすれば,

$$\int_G f(gh_i g^{-1})dg = \int_{G/H_i} f(gh_i g)dg_i$$

と書きなおすこともできます. 誤解のないときは dg_i を dg と書くことにします. 詳しくは参考文献を参照してください. 4.5 節, 4.6 節ではこの公式を使います.

4.4　$M(2)$

(1) 群の定義:$GL(2, \boldsymbol{C})$ の部分群

$$M(2) = \left\{ g(z, \theta) = \begin{pmatrix} 1 & z \\ 0 & e^{i\theta} \end{pmatrix} ; z \in \boldsymbol{C}, 0 \leq \theta < 2\pi \right\}$$

として定義され, **運動群**と呼ばれます. 実際 $w \in \boldsymbol{C}$ に対して

$$(1, w)g(z, \theta) = (1, z + e^{i\theta} w)$$

となりますから, 平面 $\boldsymbol{R}^2 \cong \boldsymbol{C}$ における回転運動と平行移動から構成される群とみなせます. $\boldsymbol{T}$ の要素 θ に対して

$$\alpha_\theta(z) = e^{-i\theta} z$$

と C の自己同型写像を定めれば

$$G = M(2) \cong C \times_\alpha T$$

と半直積に書けることがわかります. 実際, G の二つの部分群 K, N を

$$N = \left\{ n_z = g(z,0) = \begin{pmatrix} 1 & z \\ 0 & 1 \end{pmatrix} ; z \in C \right\},$$

$$K = \left\{ k_\theta = g(0,\theta) = \begin{pmatrix} 1 & 0 \\ 0 & e^{i\theta} \end{pmatrix} ; 0 \leq \theta < 2\pi \right\}$$

とすれば, $G = NK$ となり, 2.1.1 項の半直積群の定義が確かめられます.

(2) Haar 測度: 正規化された Haar 測度を

$$dg = \frac{1}{(2\pi)^2} d\theta dz = \frac{1}{(2\pi)^2} d\theta dx dy$$

とします.

(3) ユニタリー双対: 2.3.2 項 d, i で述べたように

$$\hat{G} = \{T_n ; n \in \mathbf{Z}\} \cup \{T^a ; a \in \mathbf{R}_+^\times\}$$

となることが知られています. ここで T_n は

$$T_n(g(z,\theta))w = e^{in\theta} w$$

となる 1 次元表現であり, T^a は N の 1 次元表現 $\zeta_a(n_z) = e^{i\Re(z\bar{a})}$ を G に誘導した

$$T^a = \mathrm{Ind}_N^G(\zeta_a)$$

として定義されました. T^a の表現空間は $L^2(K) \cong L^2(\mathbf{T})$ (コンパクト様式) でした.

(4) 行列要素: T_n は 1 次元表現ですので, $e^{in\theta}$ が行列要素かつ指標です. T^a の行列要素を計算しましょう. T^a の表現空間 $L^2(K)$ の正規直交基底は

$$e_n \begin{pmatrix} 1 & 0 \\ 0 & e^{i\theta} \end{pmatrix} = e^{in\theta} \quad (n \in \mathbf{Z})$$

です．ここで，2.3.2 項 i の計算を思い出すと，G の要素 $g = g(z,\theta) = g(re^{i\phi},\theta)$ に対する行列要素は

$$c_{T^a,e_m,e_n}(g) = \langle T^a(g)e_n, e_m \rangle_{L^2(K)}$$

$$= \frac{1}{2\pi}\int_0^{2\pi} e_n\left(\begin{pmatrix} 1 & 0 \\ 0 & e^{i\psi} \end{pmatrix}\begin{pmatrix} 1 & z \\ 0 & e^{i\theta} \end{pmatrix}\right)\bar{e}_m\begin{pmatrix} 1 & 0 \\ 0 & e^{i\psi} \end{pmatrix}d\psi$$

$$= \frac{1}{2\pi}\int_0^{2\pi} \zeta_a\left(ze^{-i(\theta+\psi)}\right)e^{in(\theta+\psi)}e^{-im\psi}d\psi$$

$$= e^{in\theta}e^{-i(m-n)(\phi-\theta)}\frac{1}{2\pi}\int_0^{2\pi} e^{iar\cos\psi}e^{-i(m-n)\psi}d\psi$$

$$= (-i)^{m-n}e^{im\theta}e^{i(n-m)\phi}\frac{1}{2\pi}\int_0^{2\pi} e^{iar\sin\psi}e^{-i(m-n)\psi}d\psi$$

$$= (-i)^{m-n}e^{im\theta}e^{i(n-m)\phi}J_{m-n}(ar)$$

となります．最後の式への変形は **Bessel 関数の積分公式**

$$J_n(z) = \frac{1}{2\pi}\int_0^{2\pi} e^{iz\sin\psi}e^{-in\psi}d\psi \quad (z \in \boldsymbol{C}, n \in \boldsymbol{Z})$$

を用いました．

(5) 指標：1 次元表現 T_n については，(4) で述べた通りです．T^a の指標を計算しましょう．有限次元表現の場合から類推すれば，対角成分の和ですから

$$c_{T^a,e_n,e_n}(g) = e^{in\theta}J_0(ar)$$

の n についての和を考えればいいのですが収束しません．そこで，指標を計算するために，トレースクラスの作用素 $T^a(f)$ の**積分核表示**を求め，次の命題を使って指標を計算します．

命題 X を C^∞ なコンパクト多様体とし，その上の測度 $d\mu$ が適当な座標に関して，Lebesgue 測度に C^∞ 関数を掛けた形をしているとします．各 $K(x,y) \in C(X \times X)$ に対して，積分作用素を

$$T_K f(x) = \int_X K(x,y)f(y)d\mu(y)$$

と定義します．このとき

(1) $T_K \in B\left(L^2(X, d\mu)\right)$, すなわち
$$T_K : L^2(X, d\mu) \to L^2(X, d\mu)$$
は有界線形作用素となる.

(2) $K \in C^\infty(X \times X)$ のとき, T_K はトレースクラスであり, そのトレースは
$$\mathrm{Tr}(T_K) = \int_X K(x, x) d\mu(x)$$
で与えられる.

(3) $K \in L^2(X \times X, d\mu \times d\mu)$ のとき, $\Phi(K) = T_K$ とし
$$\Phi : L^2(X \times X, d\mu \times d\mu) \to B_{HS}\left(L^2(X, d\mu)\right)$$
を定めれば, Φ は等長同型を与える. とくに
$$\|T_K\|_{HS}^2 = \int_X \int_X |K(x, y)|^2 d\mu(x) d\mu(y)$$
となる.

そこで最初に $f \in C_c^\infty(G)$ に対する作用素値 Fourier 変換
$$T^a(f) : L^2(K) \to L^2(K)$$
の積分核を求めましょう. $F \in L^2(K)$ に対して,

$$(T^a(f)F)\begin{pmatrix} 1 & 0 \\ 0 & e^{i\psi} \end{pmatrix}$$

$$= \frac{1}{(2\pi)^2} \int_0^{2\pi} \int_C f\begin{pmatrix} 1 & z \\ 0 & e^{i\theta} \end{pmatrix} F\left(\begin{pmatrix} 1 & 0 \\ 0 & e^{i\psi} \end{pmatrix}\begin{pmatrix} 1 & z \\ 0 & e^{i\theta} \end{pmatrix}\right) d\theta dz$$

$$= \frac{1}{(2\pi)^2} \int_0^{2\pi} \int_C f\begin{pmatrix} 1 & z \\ 0 & e^{i\theta} \end{pmatrix} e^{i\Re(zae^{-i(\theta+\psi)})} F\begin{pmatrix} 1 & 0 \\ 0 & e^{i(\theta+\psi)} \end{pmatrix} d\theta dz$$

$$= \frac{1}{2\pi} \int_0^{2\pi} F\begin{pmatrix} 1 & 0 \\ 0 & e^{i\theta} \end{pmatrix} K(\theta, \psi) d\theta,$$

ただし

$$K(\theta,\psi) = \frac{1}{2\pi}\int_C f\begin{pmatrix} 1 & z \\ 0 & e^{i(\theta-\psi)} \end{pmatrix} e^{i\Re(zae^{-i\theta})}dz$$

となります. よって, $X = K \cong \boldsymbol{T}$ として命題 (2) を用いれば

$$\mathrm{Tr}\,(T^a(f)) = \hat{f}(T^a) = \frac{1}{2\pi}\int_0^{2\pi} K(\theta,\theta)d\theta$$

$$= \frac{1}{(2\pi)^2}\int_0^{2\pi}\int_C f\begin{pmatrix} 1 & z \\ 0 & 1 \end{pmatrix} e^{i\Re(zae^{-i\theta})}dzd\theta$$

$$= \frac{1}{2\pi}\int_C f\begin{pmatrix} 1 & re^{i\phi} \\ 0 & 1 \end{pmatrix} J_0(ar)rdrd\phi$$

$$= \frac{1}{(2\pi)^2}\int_0^{2\pi}\int_C f\begin{pmatrix} 1 & z \\ 0 & 1 \end{pmatrix} J_0(a|z|)\delta_0(\theta)dzd\theta$$

$$= \int_G f(g)J_0(a|z|)\delta_0(\theta)dg \quad (g = g(z,\theta))$$

となります. したがって, T^a の指標は

$$\Theta_{T^a}(g) = J_0(a|z|)\delta_0(\theta) \quad (g = g(z,\theta))$$

となります.

先の対角成分に注意すれば, 形式的に

$$\sum_{n=-\infty}^{\infty} e^{-in\theta} = \delta_0(\theta)$$

となりますが, この意味を考えてみてください.

(6) Fourier 変換: $f \in L^1(G)$ に対して, 作用素値 Fourier 変換

$$T^a(f) \quad (a \in \boldsymbol{R}_+^\times)$$

を考えます.

(7) 逆変換公式と Plancherel 測度:

$$d\mu(T) = \begin{cases} ada & (T \cong T^a), \\ 0 & (T \cong T_n) \end{cases}$$

となります. 実際, (5) の $\mathrm{Tr}\,(T^a(f))$ の計算の 2 行目から

$$\mathrm{Tr}\,(T^a(f)) = \hat{f}(T^a) = \frac{1}{2\pi}\int_0^{2\pi} \hat{f}(ae^{-i\theta})d\theta$$

と書くことができます. ここで, $\hat{f}(\lambda)$ は $f(g(z,0))$ の $z \in \boldsymbol{C} \cong \boldsymbol{R}^2$ についての Fourier 変換です. したがって

$$\begin{aligned}f(g(z,0)) &= \frac{1}{2\pi}\int_C \hat{f}(\lambda)e^{-i\Re(z\bar{\lambda})}d\lambda \\ &= \frac{1}{2\pi}\int_0^{2\pi}\int_0^\infty \hat{f}(re^{i\theta})e^{-i\Re(zre^{-i\theta})}rdrd\theta\end{aligned}$$

ですから

$$\begin{aligned}f(e) = f(g(0,0)) &= \frac{1}{2\pi}\int_0^{2\pi}\int_0^\infty \hat{f}(re^{i\theta})rdrd\theta \\ &= \int_0^\infty \mathrm{Tr}\,(T^r(f))\,rdr\end{aligned}$$

となります. 3.3.1 項の Fourier 逆変換公式の定理の形から $d\mu(T)$ が最初に述べた形で与えられることがわかります. また, 右辺の $T^r(f)$ を $T^r(f)T^r(g^{-1})$ で置き換えれば, $f \in C_c^\infty(G)$ に対して

$$f(g) = \int_0^\infty \mathrm{Tr}\,\left(T^r(f)T(g^{-1})\right)rdr$$

となります.

(8) Plancherel の公式 : $f \in L^2(G)$ に対して

$$\int_G |f(g)|^2 dg = \int_0^\infty \|T^a(f)\|_{HS}^2 ada$$

となります.

4.5 $SL(2,\boldsymbol{C})$

(1) 群の定義 : 行列式 1 の 2 次正則複素行列の全体

$$\left\{\begin{pmatrix} \alpha & \beta \\ \gamma & \delta \end{pmatrix}; \alpha\delta - \beta\gamma = 1, \alpha, \beta, \gamma, \delta \in \boldsymbol{C}\right\}$$

です.ここで部分群を

$$K = SU(2),$$

$$T = \left\{ t_a = \begin{pmatrix} a & 0 \\ 0 & a^{-1} \end{pmatrix} ; a \in \boldsymbol{C}^\times \right\},$$

$$A = \left\{ a_u = \begin{pmatrix} e^u & 0 \\ 0 & e^{-u} \end{pmatrix} ; u \in \boldsymbol{R} \right\},$$

$$N = \left\{ n_z = \begin{pmatrix} 1 & z \\ 0 & 1 \end{pmatrix} ; z \in \boldsymbol{C} \right\},$$

$$M = \left\{ \begin{pmatrix} e^{i\theta} & 0 \\ 0 & e^{-i\theta} \end{pmatrix} ; 0 \leq \theta < 2\pi \right\}$$

とすると

$$M = K \cap T, \quad T = AM, \quad G = KAN = KNA = KAK$$

がわかります.

(2) Haar 測度 : K の Haar 測度を dk とし

$$\int_K dk = 1$$

と正規化します.また A, N の Haar 測度をそれぞれ Lebesgue 測度 du, $dz = dxdy$ とします.このとき,岩沢分解 $G = KNA$ を使えば,G の Haar 測度は

$$dg = \frac{d\beta d\gamma d\delta}{\mathrm{mod}(\delta)} = dkdzdu = dkdxdydu$$

となります.$G = KAN$ の場合は

$$dg = e^{2u} dkdudz$$

です.また,T の Haar 測度は

$$dt = \frac{1}{2\pi} dud\theta$$

と正規化します.

(3) ユニタリー双対：第2章の 2.3.2 項 f で構成した T_0 は自明な表現であり既約ユニタリーです. また 2.3.2 項 g, h で構成した主系列表現

$$T_{n,s} = \mathrm{Ind}_B^G(\pi_{n,s}) \quad (n \in \mathbf{Z}, s \in \mathbf{R}),$$

$$\pi_{n,s}(a_\alpha) = \left(\frac{\alpha}{|\alpha|}\right)^n |\alpha|^{is}$$

も既約ユニタリー表現となります. このとき

$$T_{n,s} \cong T_{-n,-s}$$

に注意します. ところで, $T_{n,s}$ の表現空間は $C_\pi(\mathbf{C})$ を $L^2(K)$ の内積で完備化した空間でした（誘導様式）. したがって, $\pi = \pi_{0,s}$ の s が実数でないときは, $T_{0,s}$ はユニタリー表現ではありません. しかし, $C_\pi(\mathbf{C})$ を完備化する内積を適当に変えることにより, ユニタリー表現とすることができます. 実際, $s = iw$ ($0 < w < 2$) のとき, $C_\pi(\mathbf{C})$ の内積を

$$\langle f, h \rangle = \int_C \int_C \frac{f(z)\bar{h}(\zeta)}{|z-\zeta|^{2-w}} dz d\zeta$$

と定義して, 完備化すれば, $T_{0,iw}$ は既約ユニタリー表現となることがわかります. このような表現を**補系列表現**と呼びます.

最終的に G のユニタリー双対 $\hat{G}$ は

$$\hat{G} = \{I\} \cup \{T_{0,s}, s \geq 0\} \cup \{T_{n,s}, n \in \mathbf{Z}, n > 0, s \in \mathbf{R}\} \cup \{T_{0,iw}, 0 < w < 2\}$$

となることが知られています.

(4) 行列要素：後の (6) で述べますが, L^2 Fourier 解析に影響する既約ユニタリー表現, すなわち Plancherel 測度がゼロでないものは, 主系列表現 $T_{n,s}$ ($n \in \mathbf{Z}, n > 0, s \in \mathbf{R}$) のみです. ここでは, この表現の行列要素を調べましょう.

$T_{n,s}$ の表現空間は $L^2(K) = L^2(SU(2))$ でした. したがって, この章の 4.3 節の結果を使えば, $L^2(K)$ の正規直交基底は

$$\{e_l^{mn} = \sqrt{l+1} T_l^{mn}; m, n = -l/2, -l/2+1, \cdots l/2, l = 0, 1, 2, \cdots\}$$

で与えられることがわかります．ここで T_l^{mn} は 4.3 節の (4) で計算した $SU(2)$ の表現 T_l の行列要素です．とくに

$$T_{n,s}(k)e_l^{mn}(k') = e_l^{mn}(k^{-1}k') = \sum_p \bar{T}_l^{pm}(k)e_l^{pn}(k')$$

となることに注意しましょう．よって，**Cartan 分解** $G = KTK = KAK$ に従って

$$g = ka_t k' \quad (k, k' \in K, a_u \in A)$$

とすれば

$$\begin{aligned}
\langle T_{n,s}(g)e_l^{mn}, e_{l'}^{m'n'} \rangle &= \langle T_{n,s}(ka_u k')e_l^{mn}, e_{l'}^{m'n'} \rangle \\
&= \langle T_{n,s}(a_u)T_{n,s}(k')e_l^{mn}, T_{n,s}(k^{-1})e_{l'}^{m'n'} \rangle \\
&= \sum_{p,q} \bar{T}_l^{pm}(k')\bar{T}_{l'}^{m'q}(k)\langle T_{n,s}(a_u)e_l^{pn}, e_{l'}^{qn'} \rangle \\
&= \sum_p \bar{T}_l^{pm}(k')\bar{T}_{l'}^{m'p}(k)\langle T_{n,s}(a_u)e_l^{pn}, e_{l'}^{pn'} \rangle
\end{aligned}$$

となります．最後の式への変形は，$M \subset K$ 上での積分の直交性を用いています．よって，最後の式の $T_{n,s}(a_u)$ の行列要素がわかればすべての具体的な計算ができたことになります．

この行列要素を計算しましょう．2.3.2 項 h の誘導表現（コンパクト様式）の定義式を思い出せば，$x \in SU(2)$ に対して

$$T_{n,s}(a_u)e_l^{pn}(x) = \Delta_B\left(t(a_u^{-1}x)\right) \pi_B\left(t(a_u^{-1}x)\right) e_l^{pn}\left(k(a_u^{-1}x)\right)$$

でした．ここで，右辺の $t(\cdot), k(\cdot)$ は $G = KTN$ に従って G の要素を

$$g = k(g)t(g)n(g)$$

と分解しています．ところで，4.3 節の $SU(2)$ の Cartan 分解を使えば

$$k(a_u^{-1}x) = k(a_u^{-1}k_\phi a_\theta k_\psi) = k_\phi a_{\theta'} k_\psi,$$

$$\tan\frac{\theta'}{2} = e^{2u}\tan\frac{\theta}{2}$$

となることがわかります. また

$$t(a_u^{-1}x) = t_\alpha, \quad \alpha = e^{-u}\cos\frac{\theta}{2}\left(\cos\frac{\theta'}{2}\right)^{-1}$$

となります. したがって, 4.3 節の結果と合わせれば

$$\langle T_{n,s}(g)e_l^{mn}, e_{l'}^{m'n'}\rangle = \sum_p \bar{T}_l^{pm}(k')\bar{T}_{l'}^{m'p}(k)(l+1)^{1/2}(l'+1)^{1/2}$$

$$\times \frac{1}{2}\int_0^\pi e^{-(is/2-1)t}\left(\cos\frac{\theta}{2}\right)^{2(is/2-1)}\left(\cos\frac{\theta'}{2}\right)^{-2(is/2-1)}$$

$$\times P_{pn}^{l/2}(\cos\theta')P_{pn'}^{l'/2}(\cos\theta)\sin\theta d\theta$$

となります. この最後の積分は計算可能ですが, ここでは省略します.

(5) 指標: 表現 $T_{n,s}$ の指標 $\Theta_{T_{n,s}}$ を求めて見ましょう. $T_{n,s}$ は無限次元表現ですから, 対角成分の和をとる方法では無理です. 4.4 節 (5) と同様に, $f \in C_c^\infty(G)$ に対する作用素値 Fourier 変換

$$T_{n,s}(f) : L^2(SU(2)) \to L^2(SU(2))$$

の積分核を求めて計算してみましょう. $G = KTN = KMAN$ の分解に従って G の要素を

$$g = k(g)m(g)a(g)n(g) = k(g)m_{\theta(g)}a_{u(g)}n(g)$$

と書くことにすれば, $\phi \in L^2(SU(2))$ に対して

$$(T_{n,s}(f)\phi)(k) = \int_G f(g)T_{n,s}(g)\phi(k)dg$$

$$= \int_G f(g)e^{-(is+2)u(g^{-1}k)}e^{-in\theta(g^{-1}k)}\phi(k(g^{-1}k))dg$$

$$= \int_G f(kg^{-1})e^{-(is+2)u(g)}e^{-in\theta(g)}\phi(k(g))dg$$

$$= \int_{KMAN} f(kn^{-1}a_u^{-1}m_\theta^{-1}k'^{-1})e^{-(is+2)u}e^{-in\theta}\phi(k')e^{2u}dk'\frac{1}{2\pi}d\theta dudn$$

となります. ここで

$$n_z^{-1}a_u^{-1} = a_u^{-1} \cdot a_u n_z^{-1}a_u^{-1} = a_u^{-1}n_{e^{2u}z}^{-1}$$

に注意すれば，上の式は

$$= \int_{KMAN} f(km_\theta^{-1}a_u^{-1}n^{-1}{k'}^{-1})e^{-(is+2)u}e^{-in\theta}\phi(k')dk'\frac{1}{2\pi}d\theta dudn$$

$$= \int_K \left(\int_{MAN} f(km_\theta a_u n{k'}^{-1})e^{(is+2)u}e^{in\theta}\frac{1}{2\pi}d\theta dudn\right)\phi(k')dk'$$

となり，積分核を用いた表示が得られました．したがって $T_{n,s}(f)$ のトレースは 4.4 節の命題 (2) により

$$\mathrm{Tr}\,(T_{n,s}(f)) = \int_K \left(\int_{MAN} f(km_\theta a_u n k^{-1})e^{(is+2)u}e^{in\theta}\frac{1}{2\pi}d\theta dudn\right)dk$$

$$= \int_{MA} e^{i(su+n\theta)}F_f^T(a_u m_\theta)\frac{1}{2\pi}d\theta du$$

$$= \frac{1}{2}\int_T \left(\pi_{n,s}(t)+\pi_{n,s}(t^{-1})\right)F_f^T(t)dt$$

となります．ただし，F_f^T は

$$F_f^T(t) = e^{2u}\int_{KN} f(ktnk^{-1})dkdn \quad (t \in T)$$

によって定義される関数です．

ところで $KN \cong G/T$ であり，

$$n_z t_\alpha n_z^{-1} = t_\alpha n_{z(\alpha^{-2}-1)}$$

に注意すれば，$F_f^T(t)$ は $t \in T'$，すなわち，±1 でない T の要素に対して

$$F_f^T(t) = D_T(t)\int_{G/T} f(gtg^{-1})dg$$

と書けることがわかります．ただし，$t = t_\alpha = a_u k_\theta$ に対して

$$D_T(t) = (e^{u+i\theta} - e^{-(u+i\theta)})(e^{u-i\theta} - e^{-(u-i\theta)})$$

$$= |e^u e^{i\theta} - e^{-u}e^{-i\theta}|^2$$

$$= |\alpha - \alpha^{-1}|^2$$

です．したがって，T' が T で稠密なことに注意すれば

$$\mathrm{Tr}\,(T_{n,s}(f)) = \frac{1}{2}\int_T \left(\pi_{n,s}(t)+\pi_{n,s}(t^{-1})\right)\left(D_T(t)\int_{G/T} f(gtg^{-1})dg\right)dt$$

となります.

一方, Weyl の積分公式

$$\int_G f(g)dg = \frac{1}{2}\int_T |D_T(t)|^2 \left(\int_{G/T} f(gtg^{-1})dg\right) dt$$

に注目します. とくに $\Theta_{T_{n,s}}(g)$ が共役類の上で一定であることから

$$\mathrm{Tr}\,(T_{n,s}(f)) = \int_G f(g)\Theta_{T_{n,s}}(g)dg$$

$$= \frac{1}{2}\int_T |D_T(t)|^2 \Theta_{T_{n,s}}(t)\left(\int_{G/T} f(gtg^{-1})dg\right) dt$$

となります.

ここで前の $\mathrm{Tr}\,(T_{n,s}(f))$ の計算と比較すれば

$$\Theta_{T_{n,s}}(t) = \frac{\left(\pi_{n,s}(t)+\pi_{n,s}(t^{-1})\right)}{D_T(t)} \quad (t\in T')$$

となります. ところで

$$G' = \bigcup_{\alpha\in C, \alpha\neq \pm 1} G_{t_\alpha}$$

ですから, 類関数である指標はこの G' 上で完全に決定され

$$\Theta_{T_{n,s}}(g) = \begin{cases} \dfrac{\pi_{n,s}(\alpha)+\pi_{n,s}(\alpha^{-1})}{|\alpha-\alpha^{-1}|^2} & (g\in G_{t_\alpha}, \alpha\neq \pm 1), \\ 0 & (\text{その他}) \end{cases}$$

を得ることができました.

(6) Fourier 変換：上の計算から $f\in C_c^\infty(G)$ に対して, スカラー値 Fourier 変換は

$$\hat{f}(T_{n,s}) = \mathrm{Tr}(T_{n,s}(f)) = \int_{MA} e^{i(su+n\theta)} F_f^T(a_u m_\theta)\frac{1}{2\pi}d\theta du$$

で与えられます.

(7) 逆変換公式と Plancherel 測度：

$$d\mu(T) = \begin{cases} \dfrac{1}{8\pi^3}(n^2+s^2)ds & (T\cong T_{n,s}), \\ 0 & (\text{その他}) \end{cases}$$

となることを導きます．(6) で求めた $f \in C_c^\infty(G)$ のスカラー値 Fourier 変換 $\mathrm{Tr}\,(T_{n,s}(f))$ の形に注目すれば，これは $F_f^T(a_u m_\theta)$ の

$$MA \cong \boldsymbol{T} \times \boldsymbol{R}$$

上の Fourier 変換と見なせます．したがって Abel 群 MA 上の Fourier 逆変換公式により

$$F_f^T(a_u m_\theta) = \sum_{n=-\infty}^{\infty} \frac{1}{2\pi} \int_{-\infty}^{\infty} \mathrm{Tr}(T_{n,s}(f)) e^{-i(su+n\theta)} ds$$

となります．

ところで，$SL(2,\boldsymbol{C})$ の場合も $f(e)$ の値を F_f^T の微分で記述することができます．実際

$$(2\pi)^2 f(e) = -\frac{1}{2}\left(\frac{\partial^2}{\partial u^2} + \frac{\partial^2}{\partial \theta^2}\right) F_f^T(a_u m_\theta)|_{u=m=0}$$

であることが知られています．

以上のことから，$T_{n,s} \cong T_{-n,-s}$ に注意して

$$f(e) = \frac{1}{16\pi^3} \sum_{n=-\infty}^{\infty} \int_{-\infty}^{\infty} \mathrm{Tr}\,(T_{n,s}(f))\,(n^2+s^2)ds$$

$$= \frac{1}{8\pi^3} \sum_{n=0}^{\infty} \int_{-\infty}^{\infty} \mathrm{Tr}\,(T_{n,s}(f))\,(n^2+s^2)ds$$

となり，Plancherel 測度と逆変換公式を計算できました．右辺の $T_{n,s}(f)$ を $T_{n,s}(f)T_{n,s}(g^{-1})$ で置き換えれば，左辺は $f(g)$ となります．

(8) Plancherel の公式：$f \in L^2(G)$ に対して

$$\|f\|_{L^2(G)}^2 = \frac{1}{16\pi^3} \sum_{n=-\infty}^{\infty} \int_{-\infty}^{\infty} \|T_{n,s}(f)\|_{HS}^2 (n^2+s^2)ds$$

となります．

4.6　$SL(2,R)$

(1) 群の定義：行列式 1 の 2 次正則実行列の全体

$$\left\{\begin{pmatrix} a & b \\ c & d \end{pmatrix}; ad-bc=1, a,b,c,d \in \boldsymbol{R}\right\}$$

です．G の部分群を

$$K = \left\{k_\theta = \begin{pmatrix} \cos\theta/2 & -\sin\theta/2 \\ \sin\theta/2 & \cos\theta/2 \end{pmatrix}; 0 \leq \theta < 4\pi\right\} \cong \boldsymbol{T},$$

$$T = \left\{t_a = \begin{pmatrix} a & 0 \\ 0 & a^{-1} \end{pmatrix}; a \in \boldsymbol{R}^\times\right\},$$

$$A = \left\{a_t = \begin{pmatrix} e^{t/2} & 0 \\ 0 & e^{-t/2} \end{pmatrix}; t \in \boldsymbol{R}\right\},$$

$$N = \left\{n_x = \begin{pmatrix} 1 & x \\ 0 & 1 \end{pmatrix}; x \in \boldsymbol{R}\right\},$$

$$M = \left\{\begin{pmatrix} \pm 1 & 0 \\ 0 & \pm 1 \end{pmatrix}; 0 \leq \theta < 2\pi\right\}$$

とすると

$$M = K \cap T, \quad G = KAN = KNA = KAK$$

となります．

(2) Haar 測度：K の Haar 測度を dk とし

$$\int_K dk = 1$$

と正規化します．$d\theta$ を Lebesgue 測度とすれば $dk = d\theta/4\pi$ です．また A, N 上の Haar 測度をそれぞれ Lebesgue 測度 dt, dx とします．このとき，岩沢分解 $G = KAN$ および **Cartan** 分解 $G = KAK$ に従えば

$$dg = \frac{1}{4\pi}e^t d\theta dt dx = \frac{1}{8\pi}\sinh t\, d\theta dt d\theta'$$

となります. さらに $G = KNA$ なる分解に従えば

$$dg = dkdxdt$$

となります.

(3) ユニタリー双対：前章の 2.3.2 項 g, h で構成した主系列表現

$$T_{h,s} = \mathrm{Ind}_B^G(\pi_{h,s}) \quad (h = 0, 1, s \in \mathbf{R}),$$

ただし

$$\pi_{h,s}(\pm a_t) = (-1)^h e^{its}$$

はユニタリー表現で, $(h, s) \neq (1/2, 1/2)$ のとき既約です. また

$$T_{h,s} \cong T_{-h,-s}$$

に注意します. ところで, $T_{h,s}$ の表現空間は $C_\pi(\mathbf{R})$ を $L^2(K)$ の内積で完備化した空間でした（誘導様式). したがって, $\pi = \pi_{0,s}$ の s が実数でないとき, $T_{0,s}$ はユニタリー表現ではありません. しかし, $C_\pi(\mathbf{R})$ を完備化する内積を適当に変えることにより, ユニタリー表現とすることができます. 実際, $s = iw$ $(0 < w < 1)$ のとき, $C_\pi(\mathbf{R})$ の内積を

$$\langle f, h \rangle = \int_{\mathbf{R}} \int_{\mathbf{R}} \frac{f(x)\bar{h}(y)}{|x-y|^{w-1}} dxdy$$

と定義して, 完備化すれば, $T_{0,iw}$ は既約ユニタリー表現となることがわかります. このような表現を**補系列表現**と呼びます. また, 2.3.2 項 j で構成した $SU(1,1)$ の離散系列表現 D_n $(n \in \mathbf{Z}, |n| \geq 2)$, 極限離散系列表現 $T_{\pm 1}$ はそれぞれ $SL(2, \mathbf{R})$ の既約ユニタリー表現に対応します. 最終的に G のユニタリー双対 $\hat{G}$ は

$$\hat{G} = \{I\} \cup \{T_{0,s}, s \geq 0\} \cup \{T_{1/2,s}, s > 0\} \cup \{T_{0,iw}, 0 < w < 1\}$$

$$\cup \{D_n, n \in \mathbf{Z}, |n| \geq 2\} \cup \{T_{\pm 1}\}$$

となることが知られています.

(4) 行列要素：後の (6) で述べますが，L^2 Fourier 解析に影響する既約ユニタリー表現，すなわち Plancherel 測度がゼロでないものは主系列表現 $T_{h,s}$ ($h = 0, 1, s \in \mathbf{R}$) と離散系列表現 D_n ($n \in \mathbf{Z}, |n| \geq 2$) のみです．ここでは，これらの表現の行列要素を調べましょう．

ここで二つの操作をします．一つは添字の簡素化のため

$$j = \frac{h}{2}, \quad \nu = \frac{1}{2} - \frac{1}{2}is,$$

$$l = \frac{n}{2}$$

とし，$T_{h,s}, D_n$ の添字 $(h,s), n$ を $(j,\nu), l$ に置き換えます．また，それに伴い

$$T_{h,s} \to T_{j,\nu}$$

$$D_n \to D_l$$

と改めて書くことにします．

$T_{j,\nu}$ の行列要素を計算しましょう．$f \in L^2(\mathbf{R})$ に対して

$$(T_{j,s}(g)f)(x) = (\operatorname{sgn}(cx+d))^{2j} |cx+d|^{-2\nu} f\left(\frac{ax+b}{cx+d}\right),$$

$$g^{-1} = \begin{pmatrix} a & b \\ c & d \end{pmatrix} \in SL(2,\mathbf{R})$$

となります．次に表現空間 $L^2(\mathbf{R})$ の正規直交基底を求めて行列要素を計算したいのですが，$L^2(\mathbf{R})$ の基底はちょっと決めるのに苦労します．そこで Cayley 変換を使って $SL(2,\mathbf{R})$ の話を $SU(1,1)$ へ移すことにしましょう．これにより，表現空間は $L^2(K) \cong L^2(\mathbf{T})$ となり，その正規直交基底は容易に

$$\{e_n(\theta) = e^{in\theta}; n \in \mathbf{Z}\}$$

であることがわかります．これを再び $SL(2,\mathbf{R})$ に戻せば，$L^2(\mathbf{R})$ の正規直交基底を得ることができます．実際

$$C = \frac{1}{\sqrt{2}} \begin{pmatrix} 1 & -i \\ 1 & i \end{pmatrix}$$

とし, $E_{j,\nu}: L^2(\boldsymbol{T}) \to L^2(\boldsymbol{R})$ を

$$(E_{j,\nu}(f))(x) = \frac{1}{\sqrt{\pi}} \left(\frac{x+i}{|x+i|}\right)^{2j} |x+i|^{-2\nu} f\left(\frac{x-i}{x+i}\right)$$

と定めます. これは $T_{j,\nu}$ の作用を $SL(2,\boldsymbol{C})$ まで広げたときの $T_{j,\nu}(C)$ の作用であり, 容易に等長な同型を与えます. したがって

$$\{E_{j,\nu}(e_n); n \in \boldsymbol{Z}\}$$

が $L^2(\boldsymbol{R})$ の正規直交基底となります.

ここで

$$\tilde{T}_{j,\nu}(g') = E_{j,\nu}^{-1} T_{j,\nu}(g) E_{j,\nu}, \quad g' = CgC^{-1}$$

と置けば, $(\tilde{T}_{j,\nu}, L^2(\boldsymbol{T}))$ は $SU(1,1)$ の既約ユニタリー表現となります. 実際

$$(g')^{-1} = \begin{pmatrix} \alpha & \beta \\ \bar{\beta} & \bar{\alpha} \end{pmatrix} \in SU(1,1)$$

のとき, $F \in L^2(\boldsymbol{T})$ に対して

$$(\tilde{T}_{j,\nu}(g')F)(\zeta) = |\bar{\beta}\zeta + \bar{\alpha}|^{-2\nu} \left(\frac{\bar{\beta}\zeta + \bar{\alpha}}{|\bar{\beta}\zeta + \bar{\alpha}|}\right)^{2j} F\left(\frac{\alpha\zeta + \beta}{\bar{\beta}\zeta + \bar{\alpha}}\right)$$

となります. このとき

$$\langle T_{j,\nu}(g) E_{j,\nu}(e_n), E_{j,\nu}(e_m) \rangle_{L^2(\boldsymbol{R})} = \langle \tilde{T}_{j,\nu}(g') e_n, e_m \rangle_{L^2(\boldsymbol{T})}$$

が得られます. 以下, 右辺を計算しましょう.

$$\begin{aligned}
g' &= CgC^{-1} = Ck_\theta C^{-1} \cdot C a_t C^{-1} \cdot C k_\psi C^{-1} \\
&= \begin{pmatrix} e^{i\theta/2} & 0 \\ 0 & e^{-i\theta/2} \end{pmatrix} \begin{pmatrix} \cosh t/2 & \sinh t/2 \\ \sinh t/2 & \cosh t/2 \end{pmatrix} \begin{pmatrix} e^{i\psi/2} & 0 \\ 0 & e^{-i\psi/2} \end{pmatrix} \\
&= k_\theta^0 a_t^0 k_\psi^0
\end{aligned}$$

とすれば

$$\tilde{T}_{j,\nu}(k_\theta^0) e_n = e^{-(j+n)\theta} e_n$$

となります.また,$r = \tanh t/2$ とすれば

$$\begin{aligned}
\tilde{T}_{j,\nu}(a_t^0)e_n &= \left(\frac{-\sinh t/2\, e^{i\theta} + \cosh t/2}{|-\sinh t/2\, e^{i\theta} + \cosh t/2|}\right)^{2j} |-\sinh t/2\, e^{i\theta} + \cosh t/2|^{-2\nu} \\
&\quad \times \left(\frac{\cosh t/2\, e^{i\theta} - \sinh t/2}{-\sinh t/2\, e^{i\theta} + \cosh t/2}\right)^n \\
&= \left(\frac{-re^{i\theta}+1}{|-re^{i\theta}+1|}\right)^{2j} (1-r^2)^\nu |1-re^{i\theta}|^{-2\nu} \left(\frac{e^{i\theta}-r}{1-re^{i\theta}}\right)^n \\
&= (1-r^2)^\nu (1-re^{i\theta})^{-(\nu-j+n)} (1-re^{-i\theta})^{-(\nu+j-n)} (e^{i\theta}-r)^n e^{in\theta} \\
&= (1-r^2)^\nu \Bigg\{ \sum_{k=-\infty}^{0} (-r)^{-k} \begin{pmatrix} -\nu-j+n \\ -k \end{pmatrix} \\
&\quad \times F(\nu-j+n, \nu+j-n-k; 1-k; r^2) e^{i(n+k)\theta} \\
&\quad + \sum_{k=1}^{\infty} (-r)^k \begin{pmatrix} -\nu+j-n \\ k \end{pmatrix} \\
&\quad \times F(\nu+j-n, \nu-j+n+k; 1+k; r^2) e^{i(n+k)\theta} \Bigg\}
\end{aligned}$$

と書けることがわかります.ここで,$F(a,b;c;z)$ は **Gauss** の超幾何級数で

$$F(a,b;c;z) = 1 + \frac{ab}{c}\frac{z}{1!} + \frac{a(a+1)b(b+1)}{c(c+1)}\frac{z^2}{2!} + \cdots$$

によって定義されます.したがって

$$\langle T_{j,\nu}(g)E_{j,\nu}(e_n), E_{j,\nu}(e_m)\rangle_{L^2(\mathbf{R})} = e^{-(j+n)\phi} e^{-(j+m)\psi} (1-r^2)^\nu$$

$$\times \begin{cases} (-r)^{m-n} \begin{pmatrix} -\nu-j+n \\ m-n \end{pmatrix} \\ \times F(\nu+j-n, \nu-j+m; 1+m-n; r^2) & (m \geq n), \\ (-r)^{n-m} \begin{pmatrix} -\nu-j+n \\ n-m \end{pmatrix} \\ \times F(\nu-j+n, \nu+j-m; 1+n-m; r^2) & (m \leq n) \end{cases}$$

となります.

次に離散系列 D_l の行列要素を求めてみましょう. 2.3.2項 j では $SU(1,1)$ の場合に, その離散表現を定義しましたが, $SL(2,\mathbf{R})$ における定義を与えておきましょう. $\mathbf{C}_+$ を上半平面 $\{x+iy; y \geq 0\}$ とし, D を単位円板とします. $l \in \mathbf{Z}/2, l \geq 1$ に対して, $\mathbf{C}_+$ 上の重みつき Bergman 空間を

$$A_l^2(\mathbf{C}_+) = \left\{ f : \mathbf{C}_+ \to \mathbf{C}; f \text{ は } \mathbf{C}_+ \text{ 上の正則関数で},\right.$$
$$\left. \|f\|_l^2 = \frac{(2l-1)}{\pi} \int_{\mathbf{C}_+} |f(z)|^2 y^{2l-2} dxdy < \infty \right\}$$

とします. このとき

$$(D_l(g)f)(z) = (cz+d)^{-2l} f\left(\frac{az+b}{cz+d}\right),$$

$$g^{-1} = \begin{pmatrix} a & b \\ c & d \end{pmatrix} \in SL(2,\mathbf{R})$$

とすれば, $(D_l, A_l^2(\mathbf{C}_+))$ が $SL(2,\mathbf{R})$ の正則離散表現になります.

一方, 2.3.2項 j と同様に

$$A_l^2(D) = \left\{ f : D \to \mathbf{C}; f \text{ は } D \text{ 上の正則関数で},\right.$$
$$\left. \|f\|_l^2 = \frac{2l-1}{\pi} \int_D |f(z)|^2 (1-|z|^2)^{2l-2} dxdy < \infty \right\}$$

とし

$$\left(\tilde{D}_l(g)f\right)(z) = (\bar{\beta}z + \bar{\alpha})^{-2l} f\left(\frac{\alpha z + \beta}{\bar{\beta} z + \bar{\alpha}}\right),$$

$$g^{-1} = \begin{pmatrix} \alpha & \beta \\ \bar{\beta} & \bar{\alpha} \end{pmatrix} \in SU(1,1)$$

とすれば, $(\tilde{D}_l, A_l^2(D))$ が $SU(1,1)$ の正則離散表現になります. ここで

$$E_l : A_l^2(D) \to A_l^2(\mathbf{C}_+)$$

を

$$E_l(f)(z) = \sqrt{\pi} 2^{-(2l-1)} f\left(\frac{z-i}{z+i}\right)$$

と定めれば、E_l は等長な同型写像であり

$$D_l(g) = E_l \tilde{D}_l(CgC^{-1})E_l^{-1}$$

が成立します。$\tilde{D}_l$ の具体的な形はどのようになるでしょうか？ 主系列表現のときと同様に計算してみてください．

行列要素を計算しましょう．$A_l^2(D)$ の正規直交基底は

$$\left\{ e_n^l(z) = \left(\frac{\Gamma(2l+n)}{\Gamma(2l)\Gamma(n+1)} \right)^{1/2} z^n ; n = 0, 1, 2, \cdots \right\}$$

であることが容易にわかります．したがって

$$\{ E_l(e_n^l) ; n = 0, 1, 2, \cdots \}$$

が $A_l^2(C_+)$ の正規直交基底となり

$$\langle D_l(g)E_l(e_n^l), E_l(e_m^l) \rangle_{A_l^2(C_+)} = \langle \tilde{D}_l(g')e_n^l, e_m^l \rangle_{A_l^2(D)}$$

となります．ここで，前と同様に $g' = k_\theta^0 a_t^0 k_\psi^0$ と分解して計算しましょう．

$$\tilde{D}_l(k_\theta^0)e_n^l = e^{-(l+n)\theta} e_n^l$$

であり，また

$$r = \tanh\left(\frac{t}{2}\right), \quad c_{l,n} = \left(\frac{\Gamma(2l+n)}{\Gamma(2l)\Gamma(n+1)} \right)^{1/2}$$

とすれば

$$\tilde{D}_l(a_t^0)e_n^l$$
$$= c_{l,n} \left(-\sinh(t/2)z + \cosh(t/2) \right)^{-2l} \left(\frac{\cosh(t/2)z - \sinh(t/2)}{-\sinh(t/2)z + \cosh(t/2)} \right)^n$$
$$= c_{l,n}(1-r^2)^l (1-rz)^{-2l} \left(\frac{z-r}{1-rz} \right)^n$$
$$= c_{l,n}(1-r^2)^l \left\{ \sum_{k=0}^n r^{n-k} \binom{n}{n-k} F(-k, 2l+n; n-k+1; r^2) z^j \right.$$
$$\left. + \sum_{k=n+1}^\infty r^{k-n} \binom{2l+k-1}{k-n} F(-n, 2l+k; k-n+1; r^2) z^j \right\}$$

と書けることがわかります. したがって

$$\langle D_l(g)E_l(e_n^l), E_l(e_m^l)\rangle_{A_l^2(C_+)}$$
$$= e^{-(l+n)\phi}e^{-(l+m)\psi}\left(\frac{\Gamma(2l+n)\Gamma(n+1)}{\Gamma(2l+m)\Gamma(m+1)}\right)^{1/2}(1-r^2)^l$$
$$\times \begin{cases} \dfrac{1}{(n-m)!}r^{n-m}F(-m, 2l+n; 1+n-m; r^2) & (m \leq n), \\ \dfrac{1}{(m-n)!}r^{m-n}F(-n, 2l+m; 1+m-n; r^2) & (m \geq n) \end{cases}$$

となります.

ところで, 正則離散表現は 2 乗可積分表現でした. 上の行列要素の具体形より, その直交関係は

$$\int_G \langle D_l(g)E_l(e_n^l), E_l(e_m^l)\rangle_{A_l^2(C_+)}$$
$$\times \overline{\langle D_{l'}(g)E_{l'}(e_{n'}^{l'}), E_l(e_{m'}^{l'})\rangle_{A_{l'}^2(C_+)}} dg$$
$$= \delta_{ll'}\delta_{nn'}\delta_{mm'}\frac{4\pi}{2l-1}$$

となることがわかります.

$$d(D_l) = \frac{4\pi}{2l-1}$$

が D_l の形式的次元です.

以上の行列要素の計算は反正則表現と極限離散表現に対しても有効です. また, 直交関係は反正則表現の行列要素に対しても成り立ちます. 各自確かめてみてください.

(5) 指標: $T_{j,\nu}$ と D_l の指標を計算して見ましょう. 方法は前と同様です. 最初に, $f \in C_c^\infty(G)$ に対する作用素値 Fourier 変換 $T_{j,\nu}(f)$ の積分核を求め, そのトレース, すなわち, スカラー値 Fourier 変換 $\mathrm{Tr}\,(T_{j,\nu}(f))$ 計算します. 一方, Weyl の積分公式からも $\mathrm{Tr}\,(T_{j,\nu}(f))$ を計算し, その両者を比較することにより, 指標 $\Theta_{T_{j,s}}$ の具体形を求めてみましょう.

ところで, 主系列表現 $T_{j,\nu}$ についての計算は, 4.5 節の $SL(2, \boldsymbol{C})$ の主系列表現に対して行った計算がすべて使えます. ただし, M が $M = \{\pm 1\}$ と離散群

になり,したがって, $T = MA$ が非連結となること,および添え字を変えたことに注意してください. 実際

$$\mathrm{Tr}\,(T_{j,\nu}(f)) = \frac{1}{2}\Bigg\{\int_{KAN} f(k_\theta a_t n_x k^{-1})e^{\nu t}\frac{1}{4\pi}d\theta dt dx$$

$$+(-1)^{2j}\int_{KAN} f(k_\theta(-a_t)n_x k^{-1})e^{\nu t}\frac{1}{4\pi}d\theta dt dx\Bigg\}$$

$$= \frac{1}{4}\Bigg\{\int_A (e^{(\nu-1/2)t} + e^{-(\nu-1/2)t})F_f^T(a_t)dt$$

$$+(-1)^{2j}\int_A (e^{(\nu-1/2)t} + e^{-(\nu-1/2)t})F_f^T(-a_t)dt\Bigg\}$$

となります. ここで F_f^T は

$$F_f^T(\pm a_t) = \pm|e^{t/2} - e^{-t/2}|\int_{G/T} f(g(\pm a_t)g^{-1})dg \quad (t\neq 0)$$

と定義されます.

次に Weyl の積分公式を述べます. $SL(2,\boldsymbol{C})$ と大きく違うのは G の正則要素全体 G' が

$$G' = \left(\bigcup_{t>0} G_{a_t}\right) \cup \left(\bigcup_{\theta\neq 0,2\pi} G_{k_\theta}\right)$$

と二つのタイプの部分から成っていることです. このことは G の Cartan 部分群が二つ存在することに対応します (4.3 節の注意 3 参照). したがって, 上の F_f^T の他に F_f^K を

$$F_f^K(k_\theta) = (e^{i\theta/2} - e^{-i\theta/2})\int_{G/K} f(gk_\theta g^{-1})dg \quad (\theta \neq 0, 2\pi)$$

によって定義します. このとき, Weyl の積分公式より

$$\int_G f(g)dg = \frac{1}{2}\sum_{\pm}\int_{A_+} |e^{t/2} - e^{-t/2}|F_f^T(\pm a_t)dt$$

$$+ \int_K (e^{i\theta/2} - e^{-i\theta/2})F_f^K(k_\theta)\frac{1}{4\pi}d\theta$$

となります．ここで $A_+ = \{a_t; t > 0\}$ です．

指標 $\Theta_{T_{j,\nu}}$ は共役類上で一定ですから

$$\text{Tr}\,(T_{j,\nu}(f)) = \int_G f(g)\Theta_{T_{j,\nu}}(g)dg$$

$$= \frac{1}{2}\sum_{\pm}\int_{A_+} |e^{t/2} - e^{-t/2}|\Theta_{T_{j,\nu}}(\pm a_t)F_f^T(\pm a_t)dt$$

$$+ \int_K (e^{i\theta/2} - e^{-i\theta/2})\Theta_{T_{j,\nu}}(k_\theta)F_f^K(k_\theta)\frac{1}{4\pi}d\theta$$

となります．よって先ほどの $\text{Tr}\,(T_{j,\nu}(f))$ の計算と比較すれば

$$\Theta_{T_{j,\nu}}(g) = \begin{cases} \dfrac{e^{(\nu-1/2)t} + e^{-(\nu-1/2)t}}{|e^{t/2} - e^{-t/2}|}(-1)^{4jk} & (g \in G_{(-1)^{2k}a_t}, t \neq 0), \\ 0 & (\text{その他}) \end{cases}$$

となることがわかりました．

次に正則離散系列の指標を計算しましょう．ここでは作用素値 Fourier 変換の積分核を計算する方法ではなく，行列要素の対角成分の和を直接計算する方法を紹介します．以下の計算において，細部の厳密さは省略しますが，どこをきちんとしなければならないか，考えてみてください．

有限次元のとき，指標は対角成分の和でした．無限次元の場合，その対角成分の和の収束が問題となりますが，ここでは収束させるために，次のような級数を考えましょう．$0 < \gamma < 1$ に対して

$$\Theta_{D_l,\gamma}(g) = \sum_{n=1}^{\infty} \gamma^n \langle D_l(g)E_l(e_n^l), E_l(e_n^l)\rangle_{A_l^2(C_+)} \quad (g \in G).$$

実際，前の行列要素の計算結果を使えば

$$\Theta_{D_l,\gamma}(k_\theta a_t k_\psi) = \sum_{n=1}^{\infty} \gamma^n e^{-i(l+n)(\theta+\psi)}(1-r^2)^l F(2l+n, -n; 1; r^2)$$

となります．$F(2l+n, -n; 1; r^2)$ が有界なことに注意すれば，この級数は問題なく収束します．ここで次の超幾何級数の和の公式を用います．

命題 $|w| < 1$, $-1 < z < 1$ のとき,

$$\sum_{n=0}^{\infty} w^n F(a+n, -n; 1; z) = R^{-1} \left(2^{-1}(R+w+1)\right)^{1-a},$$

ただし,

$$R = \left(1 - 2w(1-2z) + w^2\right)^{1/2}$$

です.

この命題で

$$w = \gamma e^{-i(\theta+\psi)}, \quad z = r^2, \quad a = 2l,$$
$$R = R(w) = \left(1 - 2(1-2r^2)w + w^2\right)^{1/2}$$

とすれば

$$\Theta_{D_l, \gamma}(k_\theta a_t k_\psi) = e^{-il(\theta+\psi)}(1-r^2)^l R^{-1} \left(2^{-1}(R+w+1)\right)^{1-2l}$$

となります. ところで

$$\lim_{\gamma \to 1-0} R(\gamma) = 2r$$

ですから, $k = 0, 1/2$ に対して

$$\lim_{\gamma \to 1-0} \Theta_{D_l, \gamma}((-1)^{2k} a_t)$$
$$= (-1)^{4lk}(1-r^2)^l 2^{-1}(1+r^{-1})(1+r)^{-2l}$$
$$= \frac{e^{-(l-1/2)t}}{|e^{t/2} - e^{-t/2}|}(-1)^{4lk}$$

となります. また, 容易に

$$\lim_{\gamma \to 1-0} \Theta_{D_l, \gamma}(k_\theta) = \lim_{\gamma \to 1-0} \sum_{n=0}^{\infty} \gamma^n e^{-i(l+n)\theta} = \lim_{\gamma \to 1-0} \frac{e^{-il\theta}}{1 - \gamma e^{-i\theta}}$$
$$= \frac{e^{-i(l-1/2)\theta}}{e^{i\theta/2} - e^{-i\theta/2}}$$

であることがわかります. よって

$$\int_G f(g) \Theta_{D_l}(g) = \lim_{\gamma \to 1-0} \int_G f(g) \Theta_{D_l, \gamma}(g) dg$$

ですから

$$\Theta_{D_l}(g) = \begin{cases} \dfrac{e^{-(|l|-1/2)t}}{|e^{t/2}-e^{-t/2}|}(-1)^{4lk} & (g \in G_{(-1)^{2k}a_t}, t \neq 0), \\ \dfrac{\operatorname{sgn}(l)e^{-i\operatorname{sgn}(l)(|l|-1/2)\theta}}{e^{i\theta/2}-e^{-i\theta/2}} & (g \in G_{k_\theta}, \theta \neq 0, 2\pi), \\ 0 & (その他) \end{cases}$$

となります．ここで，$l<0$ のときは，反正則離散表現に対応しますが，指標の求め方は正則の場合と同様です．

(6) Fourier 変換：$f \in C_c^\infty(G)$ の作用素値 Fourier 変換を

$$\hat{f}(j, 1/2+i\lambda) = \hat{f}(j,\nu) = \hat{f}(T_{j,\nu}) \quad (j=0, 1/2, \lambda \in \mathbf{R})$$

$$\hat{f}(l) = \hat{f}(D_l) \quad (l \in \mathbf{Z}/2, |l| > 1/2)$$

と書くことにしましょう．

(7) 逆変換公式と Plancherel 測度：

$$d\mu(T) = \begin{cases} \dfrac{1}{2\pi}\lambda\tanh\pi\lambda d\lambda & (T \cong T_{0,\nu}), \\ \dfrac{1}{2\pi}\lambda\coth\pi\lambda d\lambda & (T \cong T_{1/2,\nu}), \\ \dfrac{1}{4\pi}(2|l|-1) & (T \cong D_l), \\ 0 & (その他) \end{cases}$$

となります．この計算は前と同様に，指標の具体的な形，Weyl の積分公式，$f(e)$ を F_f の微分で表す式，を組み合わせることによってできます．しかし，$SL(2, \mathbf{C})$ の場合と違って，$SL(2, \mathbf{R})$ の場合，Weyl の積分公式が F_f^T と F_f^K の二つを用いて書かれていました．その結果，計算は非常に複雑になります．とくに，$F_f^K(k_\theta)$ の不連続点 $\theta = 0, 2\pi$ でのジャンプが

$$F_f^K(k_{0+}) - F_f^K(k_{0-}) = 2\pi i F_f^T(a_0)$$

$$F_f^K(k_{2\pi+}) - F_f^K(k_{2\pi-}) = 2\pi i F_f^T(-a_0)$$

と表されること,さらに,その一階微分については

$$\frac{d}{d\theta}F_f^K(k_{0+}) = \frac{d}{d\theta}F_f^K(k_{0-}) = -2\pi i f(e)$$

となることが重要になります.この計算は本書の範囲を越えていますので省略しますが,興味のある人は参考文献を参照してください.最終的な逆変換公式は,$f \in C_c^\infty(G)$ に対して

$$f(g) = \frac{1}{2\pi}\int_0^\infty \mathrm{Tr}\left(\hat{f}(0,1/2+i\lambda)T_{0,1/2+i\lambda}(g^{-1})\right)\lambda \tanh\pi\lambda d\lambda$$

$$+\frac{1}{2\pi}\int_0^\infty \mathrm{Tr}\left(\hat{f}(1/2,1/2+i\lambda)T_{1/2,1/2+i\lambda}(g^{-1})\right)\lambda \coth\pi\lambda d\lambda$$

$$+\frac{1}{4\pi}\sum_{l \in \mathbf{Z}/2, l \geq 1}(2l-1)\left\{\mathrm{Tr}\left(\hat{f}(l)D_l(g^{-1})\right) + \mathrm{Tr}\left(\hat{f}(-l)D_{-l}(g^{-1})\right)\right\}$$

となります.

(8) Plancherel の公式:$f \in L^2(G)$ に対して

$$\int_G |f(g)|^2 dg = \frac{1}{2\pi}\int_0^\infty \|\hat{f}(0,1/2+i\lambda)\|_{HS}^2 \lambda \tanh\pi\lambda d\lambda$$

$$+\frac{1}{2\pi}\int_0^\infty \|\hat{f}(1/2,1/2+i\lambda)\|_{HS}^2 \lambda \coth\pi\lambda d\lambda$$

$$+\frac{1}{4\pi}\sum_{l \in \mathbf{Z}/2, l \geq 1}(2l-1)\left\{\|\hat{f}(l)\|_{HS}^2 + \|\hat{f}(-l)\|_{HS}^2\right\}$$

となります.

注意:2.3.2項 f で $SL(2,\mathbf{F})$ の有限次元表現 (T_l, V_l) を考えました.この指標を

$$\chi_l(g) = \mathrm{Tr}\,(T_l(g)) \quad (g \in G)$$

と書くことにしましょう.χ_l は $G_\mathbf{C} = SL(2,\mathbf{C})$ 上の類関数であることがわかります.したがって

$$\chi_l(g) = \chi_l\begin{pmatrix}\lambda & 0 \\ 0 & \lambda^{-1}\end{pmatrix} = \frac{\lambda^{l+1} + \lambda^{-(l+1)}}{\lambda - \lambda^{-1}},$$

$$g = P \begin{pmatrix} \lambda & 0 \\ 0 & \lambda^{-1} \end{pmatrix} P^{-1}, \quad P \in G_C$$

であることがわかります.よって $G = SL(2, \mathbf{R})$ の各共役類での値は

$$\chi_l(g) = \begin{cases} \dfrac{e^{(l+1)t/2} + e^{-(l+1)t/2}}{|e^{t/2} - e^{-t/2}|}(-1)^{4jk} & (g \in G_{(-1)^{2k}a_t}, t \neq 0), \\ \dfrac{\sin((l+1)\theta/2)}{\sin(\theta/2)} & (g \in G_{k_\theta}, \theta \neq 0, 2\pi), \\ 0 & (\text{その他}) \end{cases}$$

となります.ここで,先に求めた $\Theta_{T_{j,\nu}}$ と Θ_{D_l} の各共役類での値を比較すると次の事実がわかります.

命題 $n \in \mathbf{N}, n \geq 1, j = 0, 1/2$ に対して

$$\Theta_{T_{j,n+j}} = \chi_{2(n+j-1)} + \Theta_{D_{n+j}} + \Theta_{D_{-n-j}}$$

となる.

このことは,有限次元表現と離散表現が非ユニタリー表現 $T_{j,n+j}$ の部分表現もしくは商表現に実現できることを意味します.この事実は一般の実半単純 Lie 群でも成立します.

4.7 H_1

(1) 群の定義:**Heisenberg** 群 H_1 は集合としては $\mathbf{R}^3$ ですが,乗法を次のように定義します.

$$(p, q, t)(p', q', t') = \left(p + p', q + q', t + t' + \frac{1}{2}(pq' - qp')\right)$$

また,この乗法を少し変えて

$$(p, q, t)(p', q', t') = (p + p', q + q', t + t' + pq')$$

として与えたものを，**極化 Heisenberg 群**と呼び，H_1^{pol} と書くことにしましょう．容易に

$$H_1^{\mathrm{pol}} \cong \left\{ \begin{pmatrix} 1 & p & t \\ 0 & 1 & q \\ 0 & 0 & 1 \end{pmatrix} ; p, q, t \in \boldsymbol{R} \right\}$$

であることがわかります．また

$$(p, q, t) \to (p, q, t + pq/2)$$

とすることにより，

$$H_1 \cong H_1^{\mathrm{pol}}$$

であることがわかります．

$$Z = \{(0, 0, t); t \in \boldsymbol{R}\}$$

は H_1 の中心であり

$$H_1^{\mathrm{red}} = H_1 / \{(0, 0, n); n \in \boldsymbol{Z}\}$$

を**縮退 Heisenberg 群**と呼びます．

(2) Haar 測度：dp, dq, dt を $\boldsymbol{R}$ 上の Lebesgue 測度とすると

$$dg = dpdqdt$$

となります．

(3) ユニタリー双対：$a, b \in \boldsymbol{R}$, $w \in \boldsymbol{C}$ に対して

$$\sigma_{a,b}(p, q, t)w = e^{2\pi i(ap+bq)} w$$

とすれば，$(\sigma_{a,b}, \boldsymbol{C})$ は 1 次元既約ユニタリー表現となります．また，$h \in \boldsymbol{R}$, $f \in L^2(\boldsymbol{R})$ に対して

$$(\rho_h(p, q, t)f)(x) = e^{2\pi iht + 2\pi iqx + \pi ihpq} f(x + hp)$$

とすれば, $h \neq 0$ のとき, $(\rho_h, L^2(\mathbf{R}))$ は既約ユニタリー表現となります. さらに, $h = h'$ のときに限り,
$$\rho_h \cong \rho_{h'}$$
となります. このとき, **Stone-von Neumann** の定理によって
$$\hat{G} = \{\sigma_{a,b}; a, b \in \mathbf{R}\} \cup \{\rho_h; h \in \mathbf{R}, h \neq 0\}$$
となることが知られています.

ところで, $t = 0$ のとき, $(\rho_h, L^2(\mathbf{R}))$ を以下に定義する **Fock** 空間に実現することができます.

$h > 0$ の場合, Fock 空間を
$$F_h(\mathbf{C}) = \left\{ f : \mathbf{C} \to \mathbf{C}; f \text{ は } \mathbf{C} \text{ 上の正則関数で} \right.$$
$$\left. h \int_C |f(z)|^2 e^{-\pi h |z|^2} dz < \infty \right\}$$
と定義します. このとき, $f \in L^2(\mathbf{R})$ に対して, **Bargmann** 変換を
$$(B_h f)(z) = \left(\frac{2}{h}\right)^{1/4} \int_{-\infty}^{\infty} f(x) e^{2\pi xz - (\pi/h)x^2 - (\pi h/2)z^2} dx$$
と定義すれば, B_h は
$$B_h : L^2(\mathbf{R}) \to F_h(\mathbf{C})$$
なる同型写像であることがわかります. よって, $H_1/Z \cong \mathbf{C}$ に注意して
$$\tilde{\rho}_h(w) = B_h \rho_h(p, q, 0) B_h^{-1} \quad (w = p + iq)$$
と定義すれば, $(\tilde{\rho}_h, F_h(\mathbf{C}))$ は, $t = 0$ のときの ρ_h を実現します. 実際, $f \in F_h(\mathbf{C})$ に対して
$$(\tilde{\rho}_h(w)f)(z) = e^{-(\pi h/2)|w|^2 - \pi h z \bar{w}} F(z + w)$$
となることがわかります. $h < 0$ のときは, 反正則関数を用いて同様の議論を行うことができます.

(4) 行列要素：ρ_h ($h \in \mathbf{R}, h \neq 0$) の行列要素と指標を計算しましょう. 最初に $L^2(\mathbf{R})$ の正規直交基底を求めます. Fock 空間 $F_1(\mathbf{C})$ の正規直交基底が

$$\zeta_n(z) = \sqrt{\frac{\pi^n}{n!}} z^n \quad (n = 0, 1, 2, \cdots)$$

であることが容易にわかりますから, これを B_1^{-1} で引き戻せば, $L^2(\mathbf{R})$ の正規直交基底が得られます. 実際

$$\left(B_1^{-1} f\right)(z) = 2^{1/4} \int_C f(z) e^{2\pi x \bar{z} - \pi x^2 - (\pi/2)\bar{z}^2 - \pi |z|^2} dz$$

であり, $L^2(\mathbf{R})$ の正規直交基底は, 次の **Hermite 関数**

$$e_n(x) = \left(B_1^{-1}(\zeta_n)\right)(x)$$
$$= \frac{2^{1/4}}{\sqrt{n!}} \left(\frac{-1}{2\sqrt{\pi}}\right)^n e^{\pi x^2} \frac{d^n}{dx^n} \left(e^{-2\pi x^2}\right) \quad (n = 0, 1, 2, \cdots)$$

に取れることがわかります. このとき, 行列要素は次のようにして計算されます.

$$\langle \rho_h(p, q, t) e_n, e_m \rangle_{L^2(\mathbf{R})}$$
$$= e^{2\pi i h t + \pi i h p q} \int_{-\infty}^{\infty} e^{2\pi i q x} e_n(x + hp) \bar{e}_m(x) dx$$
$$= e^{2\pi i h t} \langle \rho_1(hp, q, 0) e_n, e_m \rangle_{L^2(\mathbf{R})}$$
$$= e^{2\pi i h t} \langle \tilde{\rho}_1(w) \zeta_n, \zeta_m \rangle_{F_1(\mathbf{C})} \quad (w = hp + iq)$$
$$= e^{2\pi i h t} \sqrt{\frac{\pi^{n+m}}{n!m!}} \int_C e^{-\pi z \bar{w} - (\pi/2)|w|^2} (z + w)^n \bar{z}^m e^{-\pi |z|^2} dz$$
$$= e^{2\pi i h t} \sqrt{\frac{\pi^{n+m}}{n!m!}} e^{-(\pi/2)|w|^2} \sum_{p=0}^{n} \frac{n! w^{n-p}}{p!(n-p)!} \int_C z^p \bar{z}^m e^{-\pi z \bar{w} - \pi |z|^2} dz$$
$$= e^{2\pi i h t} \sqrt{\frac{\pi^{n+m}}{n!m!}} e^{-(\pi/2)|w|^2} \sum_{p=0}^{n} \frac{n! w^{n-p}}{p!(n-p)!} (-\pi)^{-p}$$
$$\times \left(\frac{\partial}{\partial \bar{w}}\right)^p \int_C \bar{z}^m e^{-\pi z \bar{w} - \pi |z|^2} dz$$

となり, ここで最後の積分の値が $(-\bar{w})^m$ となることに注意して

$$= e^{2\pi i h t} \sqrt{\frac{\pi^{n+m}}{n!m!}} e^{-(\pi/2)|w|^2} \sum_{p=0}^{\min(n,m)} \frac{n! w^{n-p}}{p!(n-p)!} (-1)^{m-p} \pi^{-p} \frac{m! \bar{w}^{m-p}}{(m-p)!}$$

となります. いま $n \geq m$ とし, p を $m-p$ と置き換えれば

$$= e^{2\pi i h t}\sqrt{\frac{m!}{n!}}e^{-(\pi/2)|w|^2}\sum_{p=0}^{m}\frac{n!(\sqrt{\pi}w)^{n-m}(-\pi|w|^2)^p}{(m-p)!(n-m+p)!p!}$$

$$= e^{2\pi i h t}\sqrt{\frac{m!}{n!}}e^{-(\pi/2)|w|^2}(\sqrt{\pi}w)^{n-m}L_m^{(n-m)}(\pi|w|^2)$$

となります. ここで $L_k^{(j)}$ は **Laguerre 多項式**で

$$L_k^{(j)}(x) = \sum_{l=0}^{k}\frac{(k+j)!}{(k-l)!(j+l)!}\frac{(-x)^l}{l!}$$

によって定義されます. $n \leq m$ のときも同様に計算できて, 結局

$$\langle \rho_h(p,q,t)e_n, e_m \rangle_{L^2(\boldsymbol{R})} \quad (w = hp + iq)$$

$$= e^{2\pi i h t}\begin{cases} \sqrt{\dfrac{m!}{n!}}e^{-\pi|w|/2}(\sqrt{\pi}w)^{n-m}L_m^{(n-m)}(\pi|w|^2) & (n \geq m) \\ \sqrt{\dfrac{n!}{m!}}e^{-\pi|w|/2}(\sqrt{\pi}w)^{m-n}L_n^{(m-n)}(\pi|w|^2) & (n \leq m) \end{cases}$$

となります.

行列要素の最初の項が, $e^{2\pi i h t}$ ですので, 中心 Z での積分を考えれば, ρ_h は 2 乗可積分表現ではありません. しかし, ρ_h を H_1^{red} の表現と見なせば, 2 乗可積分表現となることがわかります. この表現については, 第 5 章の 5.2.3 項の Gabor 変換のところで詳しく調べます.

(5) 指標: ρ_h の指標を計算しましょう. 前と同様に, $f \in C_c^{\infty}(G)$ に対する作用素値 Fourier 変換

$$\rho_h(f) : L^2(\boldsymbol{R}) \to L^2(\boldsymbol{R})$$

の積分核を求めて計算します. $\phi \in L^2(\boldsymbol{R})$ に対して

$$(\rho_h(f)\phi)(x) = \iiint f(p,q,t)\left(\rho_h(p,q,t)\phi\right)(x)dpdqdt$$

$$= \iiint f(p,q,t)e^{2\pi iqx + \pi i h p q + 2\pi i h t}\phi(x+hp)dpdqdt$$

$$= |h|^{-1}\iiint f(-h^{-1}(x-p),q,t)e^{\pi i(p+x)q+2\pi i h t}\phi(p)dpdqdt$$

ですから，積分核は

$$K_f^h(x,y) = |h|^{-1} \int\int f(-h^{-1}(x-y),q,t)e^{\pi i(y+x)q+2\pi iht}dqdt$$

$$= 2\pi|h|^{-1}\hat{f}_{2,3}(-h^{-1}(x-y),\pi(x+y),2\pi h)$$

となります．ただし，各積分は $\boldsymbol{R}$ 上の積分であり，$\hat{f}_{2,3}$ は，第 2, 第 3 変数に関する $\boldsymbol{R}$ 上の Fourier 変換を意味します（4.2 節参照）．したがって，4.4 節の命題 (2) を用いれば

$$\mathrm{Tr}\,(\rho_h(f)) = \hat{f}(\rho_h) = \int K_f^h(x,x)dx$$

$$= |h|^{-1}\int\int\int f(0,q,t)e^{2\pi ixq+2\pi iht}dxdqdt$$

$$= |h|^{-1}\int f(0,0,t)e^{2\pi iht}dt$$

$$= |h|^{-1}\int\int\int f(p,q,t)\delta_0(p)\delta_0(q)e^{2\pi iht}dpdqdt$$

と書くことができます．以上のことから

$$\Theta_{\rho_h}(p,q,t) = \delta_0(p)\delta_0(q)|h|^{-1}e^{2\pi iht}$$

であることがわかります．

(6) Fourier 変換： $f \in C_c^\infty(G)$ に対する作用素値 Fourier 変換

$$\rho_h(f) = \int f(p,q,t)\rho_h(p,q,t)dpdqdt$$

を考えます．

(7) 逆変換公式と Plancherel 測度：

$$d\mu(T) = \begin{cases} |h|dh & (T \cong \rho_h, h \in \boldsymbol{R}, h \neq 0), \\ 0 & (T \cong \sigma_{a,b}, a,b \in \boldsymbol{R}) \end{cases}$$

となります．実際

$$f(e) = f(0,0,0) = \int\int f(0,0,t)e^{2\pi iht}dtdh$$

$$= \int \mathrm{Tr}\,(\rho_h(f))|h|dh$$

となるので, $d\mu$ が先に述べた形であることがわかります. 右辺の $\rho_h(f)$ を $\rho_h(f)\rho_h(g^{-1})$ で置き換えれば, 左辺は $f(g)$ となり, 逆変換公式を得ます.

(8) Plancherel の公式: $f \in L^2(G)$ に対して
$$\int_G |f(g)|^2 dg = \int_{-\infty}^{\infty} \|\rho_h(f)\|_{HS}^2 |h| dh$$
となります.

先の積分核の形に注意すれば, 4.4 節の命題 (3) を用いて
$$\|\rho_h(f)\|_{HS}^2 = \int\int |K_f(x,y)|^2 dxdy$$
$$= (2\pi)^2 |h|^{-2} \int\int |\hat{f}_{2,3}(-h^{-1}(x-y), \pi(x+y), 2\pi h)|^2 dxdy$$
$$= 2\pi |h|^{-1} \int\int |\hat{f}_{2,3}(p, u, 2\pi h)|^2 dpdu$$
$$= 2\pi |h|^{-1} \int\int |\hat{f}_3(p, q, 2\pi h)|^2 dpdq$$

であることがわかります. ここで, $\hat{f}_3$ は第 3 変数での Fourier 変換です.

4.8 $ax+b$ 群

(1) 群の定義: 1 次元アフィン群 $ax+b$ は集合としては $\mathbf{R}_+^\times \times \mathbf{R}$ ですが, 乗法を次のように定義します.
$$(a,b)(a',b') = (aa', ab'+b).$$
すなわち, $\mathbf{R}_+^\times$ の $\mathbf{R}$ への自己同型作用を
$$\alpha_a(x) = ax$$
と定めれば
$$G = \mathbf{R} \times_\alpha \mathbf{R}_+^\times$$
と半直積になっています. また, この群は 2×2 行列
$$\begin{pmatrix} a & b \\ 0 & 1 \end{pmatrix}$$

の群と群同型になります．さらに

$$N = \left\{ \begin{pmatrix} 1 & v \\ 0 & 1 \end{pmatrix} ; v \in \boldsymbol{R} \right\},$$

$$A = \left\{ \begin{pmatrix} e^{u/2} & 0 \\ 0 & e^{-u/2} \end{pmatrix} ; u \in \boldsymbol{R} \right\},$$

とすれば，G は次の二つの群 AN, NA とも群同型になります．ただし

$$AN = \left\{ (u,v) = \begin{pmatrix} e^{u/2} & 0 \\ 0 & e^{-u/2} \end{pmatrix} \begin{pmatrix} 1 & v \\ 0 & 1 \end{pmatrix} ; u,v \in \boldsymbol{R} \right\},$$

$$(u,v)(u',v') = (u+u', v+e^{-u'}v),$$

$$NA = \left\{ (u,v) = \begin{pmatrix} 1 & v \\ 0 & 1 \end{pmatrix} \begin{pmatrix} e^{u/2} & 0 \\ 0 & e^{-u/2} \end{pmatrix} ; u,v \in \boldsymbol{R} \right\},$$

$$(u,v)(u',v') = (u+u', v+v'e^{u}).$$

とします．

(2) Haar 測度：この群はユニモジュラーではありません．du, dv, da, db を $\boldsymbol{R}$ の Lebesgue 測度とすると，それぞれの左，右 Haar 測度は次の表のようになります．

	AN	NA	$ax+b$
左 Haar 測度	$dudv$	$e^{-u}dudv$	$a^{-2}dadb$
右 Haar 測度	$e^{u}dudv$	$dudv$	$a^{-1}dadb$

(3) ユニタリー双対：$\xi \in \boldsymbol{R}, w \in \boldsymbol{C}$ に対して

$$\sigma_\xi(a,b)w = a^{i\xi}w$$

とすれば，$(\sigma_\xi, \boldsymbol{C})$ は 1 次元既約ユニタリー表現となります．また，$f \in L^2(\boldsymbol{R}_+^\times, dx/x)$ に対して

$$(\pi_\pm(a,b)f)(x) = e^{\mp 2\pi ibx} f(ax)$$

とすれば, $(\pi_\pm, L^2(\boldsymbol{R}_+^\times, dx/x))$ は既約ユニタリー表現となります. このとき

$$\hat{G} = \{\sigma_\xi; \xi \in \boldsymbol{R}\} \cup \{\pi_\pm\}$$

となることが知られています. この $\pi_\pm$ は $\boldsymbol{R}$ の 1 次元表現

$$\chi_\pm(b)w = e^{\pm 2\pi i bx}w \quad (w \in \boldsymbol{C})$$

を G へ誘導したものに他なりません. すなわち

$$\pi_\pm = \mathrm{Ind}_{\boldsymbol{R}}^{G}(\chi_\pm)$$

です.

(4) 行列要素: $\pi_\pm$ の行列要素は

$$\langle \pi_\pm(a,b)\phi, \psi \rangle_{L^2(\boldsymbol{R}_+^\times, dx/x)}$$

で与えられます. この行列要素の計算を $ax+b$ 群上で, あるいは群同型な AN 群上で行うとウェーブレット変換と関係してきます. まえがきの質問 4 と 1.8 節に形の違ったウェーブレット変換が登場した理由は $ax+b$ 群と AN 群の違いによります. このことは, 第 5 章の 5.2.4 項のウェーブレット変換のところで詳しく調べることにしましょう. π_+ の既約性や行列要素の計算は 5.2.4 項の最後の定理で得られます.

以下, 前と同様に指標, Fourier 変換, Plancherel の公式を考えたいのですが, $\hat{G}$ からして, $ax+b$ 群は変わっています. 1 次元表現を除けば, 2 点の $\pi_\pm$ しかありません. したがって, すべてうまく行きません. このように可解 Lie 群の調和解析は難しくなります. ここでは関連する事実だけを述べることにします.

(5) 指標: $\pi = \pi_+$ の指標を前と同様に, $f \in C_c^\infty(G)$ に対する作用素値 Fourier 変換 $\pi(f)$ の積分核を求めて計算してみましょう. π_- の場合の計算も同様です. $h \in L^2(\boldsymbol{R}_+^\times, dx/x)$ に対して

$$(\pi(f)h)(x) = \int_0^\infty \int_{-\infty}^\infty f(a,b) e^{-2\pi i bx} h(ax) \frac{da}{a^2} db \quad (x > 0)$$

$$= \int_0^\infty \int_{-\infty}^\infty f(ax^{-1}, b) e^{-2\pi i b x} h(a) x \frac{da}{a^2} db$$
$$= \int_0^\infty \left(\sqrt{2\pi} \hat{f}_2(ax^{-1}, 2\pi x) \frac{x}{a} \right) h(a) \frac{da}{a}$$

となります. したがって, その積分核は

$$K(x,y) = \sqrt{2\pi} \hat{f}_2(yx^{-1}, 2\pi x) \frac{x}{y}$$

となり,

$$\mathrm{Tr}\,(\pi(f)) = \sqrt{2\pi} \int_0^\infty \hat{f}_2(1, 2\pi x) \frac{dx}{x}$$

となります. これは, $x=0$ で特異性があるので, $\hat{f}(1,0) = 0$ となる f に対しては意味を持ちますが, 一般の f に対してはうまく行きません.

ここで

$$\left(\delta^{1/2} \phi \right)(x) = x^{1/2} \phi(x) \quad (x > 0)$$

なる変換を考えます. これは

$$\delta^{1/2} : \hat{H}^2(\boldsymbol{R}) \to L^2(\boldsymbol{R}_+^\times, dx/x)$$

なる同型を与えますが, この $\hat{H}^2(\boldsymbol{R})$ の定義と同型は 5.2.4 項で与えます. ここでは, $h \in L^2(\boldsymbol{R}_+^\times, dx/x)$ に $\delta^{1/2}$ を作用させます. すると

$$\left(\delta^{1/2} \pi(f)(\delta^{1/2} h) \right)(x) = x^{1/2} \int_0^\infty \int_{-\infty}^\infty f(a,b) e^{-2\pi i b x} (ax)^{1/2} h(ax) \frac{da}{a^2} db$$
$$= \int_0^\infty \left(\sqrt{2\pi} \hat{f}_2(ax^{-1}, 2\pi x) \frac{x^{3/2}}{a^{1/2}} \right) h(a) \frac{da}{a}$$

となります. したがって, その積分核は

$$K(x,y) = \sqrt{2\pi} \hat{f}_2(yx^{-1}, 2\pi x) \frac{x^{3/2}}{y^{1/2}}$$

となります. よって 4.4 節の命題 (2) より

$$\mathrm{Tr}\left(\delta^{1/2} \pi_+(f) \delta^{1/2} \right) = \sqrt{2\pi} \int_0^\infty \hat{f}_2(1, 2\pi x) x \frac{dx}{x}$$
$$= f(1,0)$$

が得られます.

(6) Fourier 変換: 前の結果をみれば, $f \in C_c^\infty(G)$ に対する作用素値 Fourier 変換

$$\pi_+(f) = \int_0^\infty \int_{-\infty}^\infty f(a,b)\pi_+(a,b)\frac{da}{a^2}db$$

を考えるよりは

$$\delta^{1/2}\pi_+(f)\delta^{1/2}$$

を Fourier 変換とした方が良いかも知れません.

(7) 逆変換公式と Plancherel 測度: $f \in C_c^\infty(G)$ に対して

$$f(1,0) = \mathrm{Tr}\left(\delta^{1/2}\pi(f)\delta^{1/2}\right)$$

が逆変換公式とみなせます. Plancherel 測度も

$$d\mu(\pi) = \begin{cases} 1 & (T \cong \pi_+), \\ 0 & (その他) \end{cases}$$

と思うことができます.

(8) Plancherel の公式: $f \in L^2(G)$ に対して, その L^2 ノルムを f の Fourier 変換の Hilbert-Schmidt ノルムと関連づけたいのですが, ここでは

$$\pi_+(f)\delta^{1/2}$$

なる作用素を考えましょう. 前の計算よりこの作用素の積分核は

$$K_0(x,y) = \sqrt{2\pi}\hat{f}_2(yx^{-1}, 2\pi x)\frac{x}{y^{1/2}}$$

となります. このとき, 4.4 節の命題 (3) により

$$\begin{aligned}
2\pi\|\pi_+(f)\delta^{1/2}\|_{HS}^2 &= 2\pi \int_0^\infty \int_0^\infty |K_0(x,y)|^2 \frac{dx}{x}\frac{dy}{y} \\
&= (2\pi)^2 \int_0^\infty \int_0^\infty |\hat{f}_2(yx^{-1}, 2\pi x)|^2 \frac{x^2}{y}\frac{dx}{x}\frac{dy}{y} \\
&= \int_0^\infty \int_0^\infty |\hat{f}_2(x^{-1}, xy)|^2 x^2 y \frac{dx}{x}\frac{dy}{y}
\end{aligned}$$

$$= \int_0^\infty \int_0^\infty |\hat{f}_2(x^{-1},y)|^2 xy \frac{dx}{x}\frac{dy}{y}$$
$$= \int_0^\infty \int_{-\infty}^\infty |f(x^{-1},b)|^2 dx db$$
$$= \int_0^\infty \int_{-\infty}^\infty |f(a,b)|^2 \frac{da}{a^2} db = \|f\|_2^2$$

となります. 最後の L^2 ノルムは左 Haar 測度に対するものです.

注意:$ax+b$ 群の非ユニタリー表現 π_0 を

$$\pi_0(b) = \pi_+(1,\frac{b}{2\pi i})$$

と定めます. すなわち, $f \in C_c(\boldsymbol{R}_+^\times)$ に対して

$$(\pi(b)f)(x) = e^{-bx}f(x)$$

とします. これを用いて Γ 関数の関係式

$$\Gamma(z)\Gamma(1-z) = \frac{\pi}{\sin\pi z}$$

を証明してみましょう.

最初に $f \in C_c(\boldsymbol{R}_+)$ に対して, **Mellin** 変換を

$$(\star) \quad (\mathcal{M}f)(z) = \int_0^\infty f(x)x^{z-1}dx \quad (z \in \boldsymbol{C})$$

によって定義します. このとき, $(\star)$ が $\alpha < \Re z < \beta$ で絶対収束し, $f(x)$ が各点で有界変動であれば逆変換公式

$$\frac{1}{2}(f(x+0)+f(x-0))$$
$$= \frac{1}{2\pi i}\lim_{A\to\infty}\int_{c-iA}^{c+iA}(\mathcal{M}f)(z)x^{-z}dz \quad (\alpha < c < \beta)$$

が成立します. 以下

$$\lim_{A\to\infty}\int_{c-iA}^{c+iA} = \int_{c+i\boldsymbol{R}}$$

と書くことにします. ここで

$$\hat{\pi}_0(b) = \mathcal{M}\pi_0(b)\mathcal{M}^{-1}$$

と置きます.このとき,$b>0, \Re\lambda<0, \Re p>c$ であれば

$$(\mathcal{M}\pi_0(b)f)(p) = \int_0^\infty x^{p-1}e^{-bx}f(x)dx$$
$$= \frac{1}{2\pi i}\int_0^\infty \int_{c+i\mathbf{R}} x^{p-1}e^{-bx}(\mathcal{M}f)(z)x^{-z}dzdx$$
$$= \frac{1}{2\pi i}\int_{c+i\mathbf{R}} (\mathcal{M}f)(z)\left(\int_0^\infty e^{-bx}x^{p-z-1}dx\right)dz$$
$$= \frac{1}{2\pi i}\int_{c+i\mathbf{R}} (\mathcal{M}f)(z)b^{z-p}\Gamma(p-z)dz$$

となります.ただし,最後の式への変形では,$\Re z>0, \Re u>0$ のとき

$$\int_0^\infty x^{z-1}e^{-xu}dx = \Gamma(z)u^{-z}$$

となる積分公式を用いています.以上のことから

$$(\hat\pi_0(b)F)(p) = \frac{1}{2\pi i}\int_{c+i\mathbf{R}} F(z)b^{z-p}\Gamma(p-z)dz$$

が得られます.

ここで,π_0 が表現であることから

$$\hat\pi_0(b+1) = \hat\pi_0(b)\hat\pi_0(1)$$

となることに注意しましょう.よって $\Re p>c_1>c$ として,両辺を $F\in C_c(\mathbf{R}_+^\times, dx/x)$ に作用させれば

$$\frac{1}{2\pi i}\int_{c+i\mathbf{R}} F(z)(b+1)^{z-p}\Gamma(p-z)dz$$
$$= \frac{1}{2\pi i}\int_{c_1+i\mathbf{R}} \Gamma(p-q)b^{q-p}\frac{1}{2\pi i}\left(\int_{c_1+i\mathbf{R}} F(z)\Gamma(q-z)dz\right)dp$$
$$= \frac{1}{2\pi i}\int_{c_1+i\mathbf{R}} F(z)b^{-p}\frac{1}{2\pi i}\left(\int_{c_1+i\mathbf{R}} \Gamma(p-q)\Gamma(q-z)b^q dq\right)dp$$

となります.被積分関数を比較して

$$(b+1)^{z-p}\Gamma(p-z) = \frac{1}{2\pi i}b^{-p}\int_{c_1+i\mathbf{R}} \Gamma(p-q)\Gamma(q-z)b^q dq$$

が得られます.

$z = 0$ とした関係式を用いて, Mellin 変換を計算すれば, $\Re(p+q) > 0$, $\Re q < 0$ のとき

$$\int_0^\infty b^{p+q-1}(b+1)^{-p} db = \frac{\Gamma(p+q)\Gamma(-q)}{\Gamma(p)}$$

となります. とくに $-1 < \Re q < 0$ とし, $p = 1$ とすれば

$$\int_0^\infty b^q (b+1)^{-1} db = \Gamma(1+q)\Gamma(-q)$$

が得られます. ここで留数計算を使えば

$$\int_0^\infty b^q (b+1)^{-1} db = \frac{\pi}{\sin \pi q}$$

となり,

$$\Gamma(1+q)\Gamma(-q) = \frac{\pi}{\sin \pi q}$$

がわかりました. 求める結果はこれを解析接続すれば得られます.

5

2乗可積分表現とウェーブレット変換

第 4 章では各位相群 G の既約ユニタリー表現に注目し，その行列要素や指標の具体的な形を求めました．そして，さらにそれらを使って G 上の関数の Fourier 変換を定義し，逆変換公式や Plancherel の公式を求めました．これらは G 上の関数の展開公式です．この章では，2 乗可積分表現 $(T, \mathcal{H})$ の表現空間 $\mathcal{H}$ の要素の展開公式を求めます．

5.1　2乗可積分表現

第 3 章の 3.1.1 項で 2 乗可積分表現の定義を与えましたが，ここではそれを少し拡張して考えましょう．まず，対象とする群は局所コンパクト群ですが，ユニモジュラーは仮定しません．以下では，左 Haar 測度を固定して dg と書くことにします．

ユニタリー表現 $(T, \mathcal{H})$ の行列要素

$$c_{v,w}(g) = \langle T(g)w, v\rangle_{\mathcal{H}} \quad (v, w \in \mathcal{H}, g \in G)$$

の 2 乗可積分性を考えますが，最初に次の命題に注意します．

命題　$(T, \mathcal{H})$ を G のユニタリー表現とします．このとき，次の二つは同値命題です．

(1)　あるゼロでない $\psi \in \mathcal{H}$, 正定数 c_ψ が存在し，すべての $\phi \in \mathcal{H}$ に対して

$$\phi = c_\psi^{-1} \int_G \langle \phi, T(g)\psi\rangle_{\mathcal{H}} T(g)\psi\, dg$$

が成り立つ．

(2) あるゼロでない $\psi \in \mathcal{H}$, 正定数 c_ψ が存在し, すべての $\phi \in \mathcal{H}$ に対して
$$\|\phi\|_\mathcal{H}^2 = c_\psi^{-1} \int_G |\langle \phi, T(g)\psi \rangle_\mathcal{H}|^2 dg$$
が成り立つ.

とくに, T の既約性を仮定すれば, (1), (2) は

(3) あるゼロでない $\psi \in \mathcal{H}$, 正定数 c_ψ が存在し
$$\psi = c_\psi^{-1} \int_G \langle \psi, T(g)\psi \rangle_\mathcal{H} T(g)\psi dg$$
とも同値となります.

簡単ですので, 証明を与えましょう.
(1) ならば (2) は $\|\phi\|^2 = \langle \phi, \phi \rangle_\mathcal{H}$ より明らかです.
(2) ならば (1) は, $f \in \mathcal{H}$ に対して
$$T_f : \mathcal{H} \to \boldsymbol{C}$$
を
$$T_f(h) = c_\psi^{-1} \int_G \overline{\langle f, T(g)\psi \rangle_\mathcal{H}} \langle h, T(g)\psi \rangle_\mathcal{H} dg$$
で定めます. Schwarz の不等式と (2) より, $|T_f(h)| \le \|f\|\|h\|$ となり, T_f が $\mathcal{H}$ 上の有界線形汎関数であることがわかります. よって, Riesz の定理により, ある f_0 が存在し, $T_f(h) = \langle h, f_0 \rangle_\mathcal{H}$ と書くことができ, $\|T_f\| = \|f_0\|$ となります. 先の計算より, $\|T_f\| \le \|f\|$ ですから, $\|f_0\| \le \|f\|$ となります. また (2) より
$$\langle f, f_0 \rangle_\mathcal{H} = T_f(f) = c_\psi^{-1} \int_G |\langle f, \pi(g)\psi \rangle_\mathcal{H}|^2 dg = \|f\|^2$$
ですから, 容易に, $\|f - f_0\| = \|f\|^2 - 2\Re\langle f, f_0 \rangle + \|f_0\|^2 \le 0$ となり, $f = f_0$ を得ます. よって, すべての $h \in \mathcal{H}$ に対して
$$\langle h, f \rangle_\mathcal{H} = c_\psi^{-1} \int_G \overline{\langle f, T(g)\psi \rangle_\mathcal{H}} \langle h, T(g)\psi \rangle_\mathcal{H} dg$$
$$= \langle h, c_\psi^{-1} \int_G \overline{\langle f, T(g)\psi \rangle_\mathcal{H}} T(g)\psi dg \rangle_\mathcal{H}$$

となり，求める式を得ることができます．

T を既約としましょう．(1) ならば (3) は $\phi = \psi$ にとれば定義より明らかです．(3) ならば (1) を示しましょう．T は既約ですから，巡回表現であり，ψ は巡回ベクトルになります．したがって，近似を考えることにより

$$\phi = \sum_i c_i T(g_i)\psi \quad (c_i \in \boldsymbol{C}, g_i \in G)$$

として一般性を失いません．このとき

$$c_\psi^{-1} \int_G \langle \phi, T(g)\psi \rangle_{\mathcal{H}} T(g)\psi dg$$

$$= c_\psi^{-1} \int_G \langle \sum_i c_i T(g_i)\psi, T(g)\psi \rangle_{\mathcal{H}} T(g)\psi dg$$

$$= c_\psi^{-1} \sum_i c_i \int_G \langle \psi, T(g_i^{-1}g)\psi \rangle_{\mathcal{H}} T(g)\psi dg$$

$$= c_\psi^{-1} \sum_i c_i \int_G \langle \psi, T(g)\psi \rangle_{\mathcal{H}} T(g_i g)\psi dg$$

$$= \sum_i c_i T(g_i) c_\psi^{-1} \int_G \langle \psi, T(g)\psi \rangle_{\mathcal{H}} T(g)\psi dg$$

$$= \sum_i c_i T(g_i)\psi = \phi$$

となり，求める結果を得ます．

ここで 2 乗可積分表現を定義しましょう．

定義 ユニタリー表現 $(T, \mathcal{H})$ が **2 乗可積分表現**であるとは，命題の同値条件 (1), (2) を満たすことである．

命題 (1) により，2 乗可積分表現 $(T, \mathcal{H})$ が与えられると，表現空間 $\mathcal{H}$ の展開公式を得ることができます．次節 5.2 では，この枠組で Gabor 変換やウェーブレット変換を説明しましょう．

3 章の 3.1.1 項で与えた 2 乗可積分表現の定義は "すべての $v, w \in \mathcal{H}$ に対して，行列要素 $c_{v,w}(g)$ が 2 乗可積分となること" でした．したがって，上の定義

の意味での 2 乗可積分表現となります. 3.1.1 項の方を, **強い 2 乗可積分表現**と呼ぶことにしましょう. G がコンパクト群であれば, すべての既約ユニタリー表現は 2 乗可積分です. また, G が半単純 Lie 群のとき, 上の定義と 3.1.1 項の定義は同値となります. すなわち, 命題 (2) の $c_{\phi,\psi}$ の 2 乗可積分性から, すべての $v, w \in \mathcal{H}$ に対する $c_{v,w}$ の 2 乗可積分性が得られます. このとき, c_ψ^{-1} が形式的次元になります.

ユニタリー表現 $(T, \mathcal{H})$ が与えられたとき, $\psi \in \mathcal{H}$ が**許容ベクトル**であるとは, $\psi \neq 0$ であり

$$\psi = c_\psi^{-1} \int_G \langle \psi, T(g)\psi \rangle_\mathcal{H} T(g)\psi dg$$

となることとします. この定義と先の命題により次の定理は明らかです.

定理 G の既約ユニタリー表現が $(T, \mathcal{H})$ が 2 乗可積分表現となる必要十分条件は, 許容ベクトルが存在することである.

ところで, 既約ユニタリー表現が強い 2 乗可積分表現であるとき, 行列要素の直交関係

$$\langle f, f' \rangle_\mathcal{H} \langle h, h' \rangle_\mathcal{H} = d(T) \int_G \langle T(g)f, h \rangle_\mathcal{H} \overline{\langle T(g)f', h' \rangle_\mathcal{H}} dg$$

が成立しました. 命題の証明に注意すれば 2 乗可積分表現に対して次の直交関係を得ます.

系(直交関係) $(T, \mathcal{H})$ を G の 2 乗可積分な既約ユニタリー表現とし, $\psi \in \mathcal{H}$ をその許容ベクトルとします. このとき, すべての $f, f' \in \mathcal{H}$ に対して

$$\langle f, f' \rangle_\mathcal{H} = c_\psi^{-1} \int_G \langle T(g)\psi, f \rangle_\mathcal{H} \overline{\langle T(g)\psi, f' \rangle_\mathcal{H}} dg$$

となる.

$(T, \mathcal{H})$ を 2 乗可積分な既約ユニタリー表現とし, とくに表現空間 $\mathcal{H}$ が関数空間の場合を考えましょう. 関数の変数を x や ζ で書き, 正規直交基底を

$$\{e_n(x); n = 1, 2, 3, \cdots\}$$

とします. ψ を許容ベクトルとし, $T(g)\psi$ の基底による展開を

$$(T(g)\psi)(x) = \sum_{m=1}^{\infty} \langle T(g)\psi, e_m \rangle_{\mathcal{H}} e_m(x)$$
$$= \sum_{m=1}^{\infty} c_{m,\psi}(g) e_m(x)$$

と書くことにしましょう. このとき, 形式的に

$$c_\psi^{-1} \int_G T(g)\psi(\zeta) \overline{T(g)\psi(z)} dg$$
$$= c_\psi^{-1} \int_G \sum_{m=1}^{\infty} c_{m,\psi}(g) e_m(\zeta) \sum_{n=1}^{\infty} \bar{c}_{n,\psi}(g) \bar{e}_n(x)$$
$$= c_\psi^{-1} \sum_{m=1}^{\infty} \sum_{n=1}^{\infty} e_m(\zeta) \bar{e}_n(x) \int_G c_{m,\psi}(g) \bar{c}_{n,\psi}(g) dg$$
$$= \sum_{m=1}^{\infty} \sum_{n=1}^{\infty} e_m(\zeta) \bar{e}_n(x) c_\psi \langle e_n, e_m \rangle_{\mathcal{H}}$$
$$= \sum_{m=1}^{\infty} e_m(\zeta) \bar{e}_m(x)$$

となります. ここで "形式的に" と言ったのは, 積分と和の交換や無限和の収束性を仮定しているからです. したがって

$$K(\zeta, x) = \sum_{m=1}^{\infty} e_m(\zeta) \bar{e}_m(x)$$

と置けば, 命題 (1) で形式的に積分と内積を入換えることにより, すべての $\phi \in \mathcal{H}$ に対して

$$\phi(x) = \langle \phi, K(\cdot, x) \rangle_{\mathcal{H}}$$

となります. このような $K(\zeta, x)$ が定まるとき, $K(\zeta, x)$ を $\mathcal{H}$ の **再生核** と呼びます.

5.2 いろいろな変換

5.2.1 斉次多項式の展開

$G = SU(2)$ とし,第 4 章 4.3 節で定義した有限次元既約表現 $(T_l, \mathcal{H}_l)$ $(l = 0, 1, 2, \cdots)$ を考えます.ここで $\mathcal{H}_l$ は斉次多項式の全体

$$\mathcal{H}_l = \mathrm{Span}_C\{z_1^l, z_1^{l-1}z_2, \cdots, z_1 z_2^{l-1}, z_2^l\}$$

でした.G はコンパクト群ですから,4.3 節で調べたように,T_l は強い 2 乗可積分表現となり,すべてのゼロでないベクトル ψ が許容ベクトルとなります.$\|\psi\| = 1$ とすれば,直交関係より,

$$c_\psi = \frac{1}{l+1}$$

となります.よって

定理 $\psi \in \mathcal{H}_l$ を $\|\psi\| = 1$ の要素とすれば,すべての $f \in \mathcal{H}_l$ に対して

$$f(z_1, z_2) = (l+1) \int_G \langle f, T_l(g)\psi \rangle_{\mathcal{H}_l} (T(g)\psi)(z_1, z_2) dg$$

となります.

第 4 章 4.3 節で求めた $\mathcal{H}_l$ の正規直交基底

$$e_k(z_1, z_2) = \frac{1}{\sqrt{(l/2+k)!(l/2-k)!}} z_1^{l/2-k} z_2^{l/2+k},$$

$$k = -l/2, -l/2+1, \cdots, l/2$$

を用いれば,再生核が

$$K(\zeta_1, \zeta_2; z_1, z_2) = \sum_{k=-l/2}^{l/2} e_k(\zeta_1, \zeta_2) \bar{e}_k(z_1, z_2)$$

$$= \sum_{k=-l/2}^{l/2} \frac{1}{(l/2+k)!(l/2-k)!} (\zeta_1 \bar{z}_1)^{l/2-k} (\zeta_2 \bar{z}_2)^{l/2+k}$$

$$= \frac{1}{l!}(\zeta_1\bar{z}_1 + \zeta_2\bar{z}_2)^l$$

で与えられることがわかります.

定理 $K(\zeta_1, \zeta_2; z_1, z_2)$ を上の式で定めると,すべての $f \in \mathcal{H}_l$ に対して

$$f(z_1, z_2) = \langle f, K(\cdot, \cdot; z_1, z_2) \rangle_{\mathcal{H}_l}$$

となります.

5.2.2 Bergman 核

$G = SU(1,1)$ とし,第 4 章 4.6 節で定義した正則離散系列表現 $(\tilde{D}_l, A_l^2(D))$ ($l \in \mathbf{Z}/2, l \geq 1$) を考えます.ここで $A_l^2(D)$ は重みつき Bergman 空間

$$A_l^2(D) = \Big\{ f : D \to \mathbf{C} \, ; f \text{ は } D \text{ 上で正則な関数で,}$$
$$\|f\|_l^2 = \frac{2l-1}{\pi} \int_D |f(z)|^2 (1-|z|)^{2l-2} dxdy < \infty \Big\}$$

でした. 4.6 節で調べたように, $\tilde{D}_l$ は強い 2 乗可積分表現となり,すべてのゼロでない要素 ψ が許容ベクトルとなります. $\|\psi\|_{\mathcal{H}} = 1$ とすれば,直交関係より,

$$c_\psi = \frac{4\pi}{2l-1}$$

となります.よって

定理 $\psi \in A_l^2(D)$ を $\|\psi\|_l = 1$ の要素とすれば,すべての $f \in A_l^2(D)$ に対して

$$f(z) = \frac{2l-1}{4\pi} \int_G \langle f, \tilde{D}_l(g)\psi \rangle_{A_l^2(D)} \tilde{D}_l(g)\psi(z) dg$$

となります.

第 4 章 4.6 節で求めた $A_l^2(D)$ の正規直交基底

$$e_k^l(z) = \left(\frac{\Gamma(2l+k)}{\Gamma(2l)\Gamma(k+1)} \right)^{1/2} z^k, \quad k = 0, 1, 2, \cdots$$

を用いれば，再生核が

$$K(\zeta, z) = \sum_{k=0}^{\infty} e_k^l(\zeta) \bar{e}_k^l(z)$$
$$= \sum_{k=0}^{\infty} \frac{\Gamma(2l+k)}{\Gamma(2l)\Gamma(k+1)} (\zeta \bar{z})^k$$
$$= \frac{1}{(1-\zeta \bar{z})^{2l}}$$

で与えられることがわかります．これを $A_l^2(D)$ の **Bergman** 核と呼びます．

定理 $K(\zeta, z)$ を上の式で定めると，すべての $f \in A_l^2(D)$ に対して

$$f(z) = \langle f, K(\cdot, z) \rangle_{A_l^2(D)}$$

となります．

5.2.3　Gabor 変換

$G = H_1^{\mathrm{red}}$ とし，第 4 章 4.7 節で定義した H_1 の既約ユニタリー表現 $(\rho_h, L^2(\mathbf{R}))$ ($h \in \mathbf{R}, h \neq 0$) を考えます．このとき，$\rho_h$ は H_1^{red} の強い 2 乗可積分表現になります．ただし，H_1^{red} の Haar 測度は

$$dg = dpdqdt$$

となることに注意します．実際，$f, h \in L^2(G)$ に対して

$$\int_0^1 \int_{-\infty}^{\infty} \int_{-\infty}^{\infty} |\langle \rho_h(p,q,t)f, h \rangle_{L^2(\mathbf{R})}|^2 dpdqdt$$
$$= \int \int |\langle \rho_1(hp, q, 0)f, h \rangle_{L^2(\mathbf{R})}|^2 dpdq$$
$$= \int \int |\int e^{2\pi i q x} f(x+hp)\bar{h}(x)dx|^2 dpdq$$
$$= \int \int |f(x+hp)\bar{h}(x)|^2 dxdp$$
$$= \int \left(\int |f(x+hp)|^2 dp \right) |\bar{h}(x)|^2 dx$$
$$= \frac{1}{h} \|f\|_2^2 \|h\|_2^2$$

となり, ρ_h は形式的次元 h の強い2乗可積分表現となります. したがって, ゼロでないすべての $\psi \in L^2(\mathbf{R})$ が許容ベクトルとなります. $\|\psi\|_{L^2(\mathbf{R})} = 1$ とすれば,

$$c_\psi = \frac{1}{h}$$

となります.

定理 $\psi \in L^2(\mathbf{R})$ を $\|\psi\|_{L^2(\mathbf{R})} = 1$ の要素とすれば, すべての $f \in L^2(\mathbf{R})$ に対して

$$f(x) = h \int_0^1 \int_{-\infty}^{\infty} \int_{-\infty}^{\infty} \langle f, \rho_h(p,q,t)\psi \rangle_{L^2(\mathbf{R})} \rho_h(p,q,t)\psi(x) dp dq dt$$

となります. ここで

$$\rho_h(p,q,t)\psi(x) = e^{2\pi i h t + 2\pi i q(x + hp/2)} \psi(x + hp)$$

です.

この定理における

$$\langle f, \rho_h(p,q,t)\psi \rangle_{L^2(\mathbf{R})} = \int_{-\infty}^{\infty} f(x) e^{-2\pi i h t - 2\pi i q(x + hp/2)} \bar{\psi}(x + hp) dx$$

を f の ψ による連続型 **Gabor 変換**と呼びます. 上の定理はその逆変換公式となります. ただし, 良くみると, 変数 t に関しては, 本質的に何も行っていません. したがって, t に関する変換と積分は普通は省略されます. また h は自由に選べるので, $h = 1$ にとります.

ここで

$$(\rho(p,q)\psi)(x) = (\rho_1(p,q,0)\psi)(x) = e^{2\pi i q(x + p/2)} \psi(x + p)$$

としましょう. このとき

$$\langle \rho(p,q)f, h\rangle = \int_{-\infty}^{\infty} e^{2\pi i q(x+p/2)} f(x+p) \bar{h}(x) dx$$
$$= \int_{-\infty}^{\infty} e^{2\pi i qx} f(x+p/2) \bar{h}(x-p/2) dx$$
$$= W(f,h)(p,q)$$

と書くことにします．この $W(f,h)(p,q)$ は **Fourier-Wigner 変換**と呼ばれ，1932 年に Wigner が量子力学の解析に際し導入した変換です．この変換を用いると，行列要素の直交関係は

$$\langle W(f,h), W(f',h')\rangle_{L^2(\boldsymbol{R}^2)} = \langle f, f'\rangle_{L^2(\boldsymbol{R})} \langle h, h'\rangle_{L^2(\boldsymbol{R})}$$

と書くことができます．また $\tilde{h}(x) = h(-x)$ と定義し

$$A(f,h)(p,q) = \frac{1}{2} W(f, \tilde{h})(\frac{p}{2}, \frac{q}{2}),$$

とした関数は**あいまいさ関数** (ambiguity function) と呼ばれ，1950 年代にレーダー解析の際に導入されました．

5.2.4 ウェーブレット変換

$$G = \boldsymbol{R}^2$$

とし，その積を

$$(u,v)(u',v') = (u+u', e^{-u'}v + v')$$

により定義します．第 4 章 4.8 節でも述べましたが，$G = AN \cong NA \cong ax+b$ 群となり，Haar 測度は

左 Haar 測度： $dudv$， 右 Haar 測度： $e^u dudv$

となります．

$\boldsymbol{R}$ 上の **Hardy** 空間 $H^2(\boldsymbol{R})$ を

$$H^2(\boldsymbol{R}) = \{f \in L^2(\boldsymbol{R})\,;\quad \hat{f}(\lambda) = 0 \quad (\lambda < 0)\}$$

と定義します．この空間は $L^2(\boldsymbol{R})$ の閉部分空間ですので，$L^2(\boldsymbol{R})$ の内積とノルムを入れることにより Hilbert 空間となります．

$f \in H^2(\mathbf{R})$ に対して, $g = (u,v) \in G$ の作用を

$$(T(g)f)(x) = (T(u,v)f)(x) = e^{-u/2}f(e^{-u}x - v)$$

とします. 容易に, $(T, H^2(\mathbf{R}))$ がユニタリー表現となることがわかります. 以下, この表現が既約な 2 乗可積分であることを示しましょう.

最初に $(T(g)f)(x)$ の Fourier 変換をとれば

$$(T(g)f)^{\wedge}(\lambda) = e^{u/2}e^{-i\lambda e^u v}\hat{f}(e^u \lambda)$$

となることに注意しておきます. さて, $\psi \in H^2(\mathbf{R})$ で

$$\int_{-\infty}^{\infty} |\psi(x)|^2 dx = 1, \quad c_\psi = \int_0^{\infty} \frac{|\hat{\psi}(\lambda)|^2}{\lambda} d\lambda < \infty$$

なるものを取ってきます. このような関数の存在は

$$\hat{\psi}(0) = \int_{-\infty}^{\infty} \psi(x)dx = 0$$

となる $C_c^{\infty}(\mathbf{R}_+)$ の要素を考えて, その Fourier 逆変換を ψ とすれば明らかです. このとき

$$\int_G |\langle f, T(g)\psi \rangle_{H^2(\mathbf{R})}|^2 dg$$
$$= \int_{-\infty}^{\infty}\int_{-\infty}^{\infty} |\langle f, T(u,v)\psi \rangle_{H^2(\mathbf{R})}|^2 dudv$$
$$= \int_{-\infty}^{\infty}\int_{-\infty}^{\infty} |\langle \hat{f}, e^{u/2}e^{-i(\cdot)e^u v}\hat{\psi}(e^u(\cdot)) \rangle_{\hat{H}^2(\mathbf{R})}|^2 dudv$$
$$= \int_{-\infty}^{\infty} \left(\int_{-\infty}^{\infty} |\int_0^{\infty} \hat{f}(e^{-u}\lambda)\hat{\psi}(\lambda)e^{-i\lambda v}d\lambda|^2 dv \right) e^{-u} du$$
$$= \int_{-\infty}^{\infty} \left(\int_0^{\infty} |\hat{f}(e^{-u}\lambda)\hat{\psi}(\lambda)|^2 d\lambda \right) e^{-u} du$$
$$= \int_{-\infty}^{\infty}\int_{-\infty}^{\infty} |\hat{f}(\lambda)\hat{\psi}(e^u \lambda)|^2 d\lambda du$$
$$= \int_0^{\infty} |\hat{f}(\lambda)|^2 d\lambda \cdot \int_0^{\infty} \frac{|\hat{\psi}(\lambda)|^2}{\lambda} d\lambda$$
$$= c_\psi \|f\|_2^2$$

となります.よって命題 (2) により, T が 2 乗可積分表現であることがわかりました.

次に既約性を示します.最初に上で選んだ ψ は巡回ベクトルとなることに注意します.実際

$$\langle f, T(g)\psi \rangle = 0$$

であれば

$$0 = \int_G |\langle f, T(g)\psi \rangle|^2 dg = c_\psi \|f\|_2^2$$

となり, $f = 0$ を得ます.したがって $\{T(g)\psi; g \in G\}$ の線形 1 次結合は, $H^2(G)$ で稠密となり, ψ が巡回ベクトルであることがわかります.

さて, $\mathcal{H}'$ を $\mathcal{H} = H^2(\boldsymbol{R})$ のゼロでない G 不変閉部分空間としましょう.もし, $\mathcal{H}'$ が巡回ベクトルを含めば, $\mathcal{H}' = \mathcal{H}$ となり,既約性が得られます. f を $\mathcal{H}'$ のゼロでない要素とします.ここで先の条件を満たす $\psi \in H^2(\boldsymbol{R})$ で $\hat{\psi}$ が連続となり,さらに,ある $\lambda \in \boldsymbol{R}_+$ で

$$\hat{f}(\lambda)\hat{\psi}(\lambda) \neq 0$$

となるように選びます.明らかに可能です.このとき

$$\Psi(x) = \int_G \psi(v) \left(T(0,v)f\right)(x) dv = \int_{-\infty}^{\infty} \psi(v) f(x-v) dv = \psi * f(x)$$

とすれば, $\mathcal{H}'$ が G 不変な閉集合であることより, $\Psi \in \mathcal{H}'$ がわかります.実際, Ψ を定義する積分を Riemann 和の極限値として定義すれば,各 Riemann 和は, $f \in \mathcal{H}'$ であること,および $\mathcal{H}'$ の G 不変性により, $\mathcal{H}'$ の要素となります.さらに $\mathcal{H}'$ が閉であることから,その極限値である Ψ も $\mathcal{H}'$ の要素となることがわかります.ここで

$$\hat{\Psi} = \hat{\psi}\hat{f} \not\equiv 0, \quad \hat{\Psi}(0) = \hat{f}(0)\psi(0) = 0$$

に注意すれば

$$\int_0^\infty \frac{|\hat{\Psi}(\lambda)|^2}{\lambda} d\lambda < \infty$$

となります．よって，$\Psi/\|\Psi\|$ と正規化すれば，$\Psi/\|\Psi\| \in \mathcal{H}'$ は先の ψ の条件を満たし，巡回ベクトルとなります．よって $\mathcal{H}'$ が巡回ベクトルを含んだので，$\mathcal{H}$ の既約性が示されました．

以上をまとめて次の定理を得ます．

定理
(1) $(T, H^2(\mathbf{R}))$ は既約な 2 乗可積分表現である．
(2) $H^2(\mathbf{R})$ の要素 ψ が
$$\int_{-\infty}^{\infty} |\psi(x)|^2 dx = 1, \quad c_\psi = \int_0^\infty \frac{|\hat{\psi}(\lambda)|^2}{\lambda} d\lambda < \infty$$
を満たせば，許容ベクトルとなる．
(3) $\psi \in H^2(\mathbf{R})$ が許容ベクトルのとき，すべての $f \in H^2(\mathbf{R})$ に対して
$$f(x) = \frac{1}{c_\psi} \int_{-\infty}^{\infty} \int_{-\infty}^{\infty} \langle f, T(u,v)\psi \rangle_{L^2(\mathbf{R})} (T(u,v)\psi)(x) du dv$$
となる．

ところで
$$(T(u,v)\psi)(x) = e^{-u/2}\psi(e^{-u}x - v)$$
でしたから（まえがきの質問 4 の形）
$$\langle f, T(u,v)\psi \rangle_{L^2(\mathbf{R})} = \int_{-\infty}^{\infty} f(x) e^{-u/2} \overline{\psi}(e^{-u}x - v) dx$$
となります．この変換を f の ψ による連続型**ウェーブレット変換**と呼びます．上の定理はその逆変換公式を与えます．

最後に，ここで取り上げた G の表現 $(T, H^2(\mathbf{R}))$ と第 4 章 4.8 節で定義した $G_0 = ax + b$ 群の表現 $(\pi_+, L^2(\mathbf{R}_+^\times, dx/x))$ との関係を述べておきましょう．
4.8 節では $F \in L^2(\mathbf{R}_+^\times, dx/x)$ に対して
$$(\pi_+(a,b)F)(x) = e^{-2\pi ibx} F(ax) \quad (x \in \mathbf{R}_+^\times)$$
とすることにより，G_0 の既約ユニタリー表現 $(\pi_+, L^2(\mathbf{R}_+^\times, dx/x))$ を得ました．

最初に，群同型
$$\Phi : G \to G_0,$$
$$\Phi(u,v) = (e^u, e^u v) = (a,b)$$
に注意します．よって G の表現 $(T, H^2(\boldsymbol{R}))$ に対して
$$T_\Phi(g) = T(g) \circ \Phi^{-1} \quad (g \in G)$$
とすることにより，G_0 の表現 $(T_\Phi, H^2(\boldsymbol{R}))$ を得ることができます．実際，$T_\Phi(a,b)$ の作用は $f \in H^2(\boldsymbol{R})$ に対して
$$\begin{aligned}(T_\Phi(a,b)f)(x) &= \left(T(\Phi^{-1}(a,b))f\right)(x) \\ &= (T(u,v))f)(x) \\ &= e^{-u/2} f(e^{-u} x - v) \\ &= |a|^{-1/2} f(a^{-1}(x-b))\end{aligned}$$
となります．(1.8 節の形はこの T_Φ を用いて定理を書き換えたものです．)

次にこの表現 T_Φ の Fourier 変換 $(\hat{T}_\Phi, \hat{H}^2(\boldsymbol{R}))$ を
$$\left(\hat{T}_\Phi(a,b)\hat{f}\right)(\lambda) = (T_\Phi(a, 2\pi b)f)^\wedge (\lambda) = |a|^{1/2} e^{-2\pi i \lambda b} \hat{f}(a\lambda)$$
で定めます．ところで $\hat{H}^2(\boldsymbol{R})$ と $L^2(\boldsymbol{R}^\times, dx/x)$ は等長同型でした．実際
$$\delta^{-1/2} : L^2(\boldsymbol{R}_+^\times, dx/x) \to \hat{H}^2(\boldsymbol{R}),$$
$$\delta^{-1/2} F(\lambda) = |\lambda|^{-1/2} F(\lambda)$$
が等長同型を与えます．このとき
$$\pi_+(a,b) = \delta^{1/2} \hat{T}_\Phi(a,b) \delta^{-1/2}$$
となります．確かめてみましょう．
$$\begin{aligned}\left(\hat{T}_\Phi(a,b)\delta^{-1/2}(F)\right)(\lambda) &= |a|^{1/2} e^{-2\pi i \lambda b} (\delta^{-1/2} F)(a\lambda) \\ &= |\lambda|^{-1/2} e^{-2\pi i \lambda b} F(a\lambda) \\ &= \delta^{-1/2}(e^{-2\pi i (\cdot) b} F(a(\cdot)))(\lambda) \\ &= \left(\left(\delta^{-1/2} \pi_+(a,b)\right) F\right)(\lambda).\end{aligned}$$

以上のことから, $(T, H^2(\boldsymbol{R}))$ に対する先の定理を G_0 の既約ユニタリー表現

$$(T_\Phi, H^2(\boldsymbol{R})) \cong (\hat{T}_\Phi, \hat{H}^2(\boldsymbol{R})) \cong (\pi_+, L^2(\boldsymbol{R}_+^\times, dx/x))$$

に対して書きなおすことができます. 最後の場合の形を述べておきます.

定理

(1) $ax+b$ 群の表現 $(\pi_+, L^2(\boldsymbol{R}_+^\times, dx/x))$ は既約な2乗可積分表現である.

(2) $L^2(\boldsymbol{R}_+^\times, dx/x))$ の要素 ψ が

$$\int_0^\infty \frac{|\psi(x)|^2}{x} dx = 1, \quad c_\psi = \int_0^\infty \frac{|\psi(x)|^2}{x^2} dx < \infty$$

を満たせば, 許容ベクトルとなる.

(3) ψ が許容ベクトルのとき, すべての $f \in L^2(\boldsymbol{R}_+^\times, dx/x)$ に対して

$$f(x) = \frac{1}{c_\psi} \int_0^\infty \int_{-\infty}^\infty \langle f, \pi_+(a,b)\psi \rangle_{L^2(\boldsymbol{R}_+^\times, dx/x)} (\pi_+(a,b)\psi)(x) \frac{da}{a^2} db$$

となる.

ところで

$$(\pi_+(a,b)\psi)(x) = e^{-2\pi i bx}\psi(ax)$$

でしたから

$$\langle f, \pi_+(a,b)\psi \rangle_{L^2(\boldsymbol{R}^\times, dx/x)} = \int_0^\infty f(x) e^{-2\pi i bx} \bar{\psi}(ax) \frac{dx}{x}$$

となります.

参 考 文 献

[1] デュドネ (上野健爾他訳), 数学史 II, 岩波書店 (1985).
[2] ボタチーニ (好田順治訳), 解析学の歴史, 現代数学社 (1990).
[3] ブルバキ数学史 (村田全訳), 東京図書 (1970).
[4] 上野健爾他, 岩波講座 現代数学への入門 5, 岩波書店 (1996).
[5] ケルナー (高橋陽一郎監訳), フーリエ解析大全, 朝倉書店 (1996).
[6] 山内恭彦・杉浦光夫, 連続群論入門, 培風館 (1960).
[7] 島 和久, 連続群とその表現, 岩波書店 (1981).
[8] 岡本清郷, フーリエ解析の展望, 朝倉書店 (1997).
[9] チュイ (桜井明他訳), ウェーブレット入門, 東京電機大学出版局 (1993).
[10] 榊原 進, ウェーブレットビギナーズガイド, 東京電機大学出版局 (1995).
[11] 杉浦光夫, Unitary Representations and Harmonic Analysis (第 2 版), 講談社 (1990).
[12] Y. Katznelson, An Introduction to Harmonic Analysis, John Wiley (1968).
[13] N. Wallach, Harmonic Analysis on Homogeneous Spaces, Marcel Dekker (1973).
[14] S. Lang, $SL_2(R)$, Springer(1985).
[15] P. Sally, Analytic Continuation of the Irreducible Unitary Representations of the Universal Covering Group of $SL(2, R)$, AMS Memoirs (1967).
[16] A. Knapp, Representation Theory of Semisimple Lie Groups : An Overview Based on Examples, Princeton Univ. Press (1992).
[17] A. Wawrzynczyk, Group Representations and Special Functions, D. Reidel (1984).
[18] G. Folland, Harmonic Analysis in Phase Space, Princeton Univ. Press (1989).
[19] A. Zygmund, Trigonometric Series (第 2 版), Cambridge Univ. Press (1959).
[20] C, Heil and D. Walnut, Continuous and discrete wavelet transforms, SIAM Review 31, (1989), 628-666.
[21] P. Sally, Harmonic analysis and group representations, Studies in Harmonic Analysis edited by J. Ash, M. A. A. (1976).

以上, この本に関係する入門書を中心に参考文献としました.
第 1 章の解析とくに調和解析の歴史については, [1], [2], [3], [4], [5] を参考にしてください. とくに解析に限ると [2] が詳しく書かれています. [5] ではフーリエの業績および関連する話題が時代背景と共に面白くまとめられています. また最近は数学の歴史に関するホームページもたくさんあり, この章の執筆には

"The MacTutor History of Mathematics archive"

http://www-groups.dcs.st-andrews.ac.uk/~history

も参考にしています. Euler と Fourier の写真もそこから転載させていただきました.

フーリエ級数やフーリエ変換を中心とする (古典) フーリエ解析の本としては [12], [19] を薦めます. [12] はコンパクトにまとめられた入門書ですが, 逆に [19] は多くの結果を網羅する専門書です. また [5], [11] でも勉強することができます. みんな洋書になってしまいましたが, 和書もたくさんあるので, 本屋さんや書籍カタログで調べてみてください.

第 2 章, 第 3 章の表現論と群上の調和解析の入門としては [6], [7], [8], [11], [13], [14] を挙げておきます. [6], [7], [14] は適当な入門書です. [11], [13] は, この本では触れなかった Lie 環の話や Weyl の積分公式の証明を補うのに良いでしょう. どちらも表現論と調和解析の関係が良くまとめられています. [8] は佐藤超関数や無限次元球面上の解析まで触れられており, 今後の群上の調和解析の発展を展望できます.

第 4 章, 第 5 章は例を中心に話を進めましたが, [11], [14], [15], [16], [17], [18] を参考にしてください. $SU(2)$ については [6], [7], [8], [11], $M(2)$ については [11] の 4 章, $SL(2,R) \cong SU(1,1)$ については [11], [14], [15], [16], $SL(2,C)$ については [16], Heisenberg 群については [18], $ax+b$ 群については [17] の 5 章が良いでしょう. とくに [16] を精読すれば, 簡単な例を通して半単純 Lie 群の表現論のエッセンスをすべて理解できます. ただし, 厚い本なのでちょっと骨が折れるかもしれません. また行列要素と特殊関数の関係もこれらの文献の中にみつけることができます. とくに [17] ではそれらが詳しくまとめられています.

ウェーブレット変換に関しては [9], [10], [20] を挙げておきます. [9], [10] は読み易い入門書です. しかし表現論との関連については触れられていませんので, その部分は [20] を参考にすると良いでしょう.

最後に, "まえがき" でも述べたように, この本では Lie 環論にあまり立ち入らずに, 群の表現と群上の調和解析についてわかりやすく解説しました. この発想は P. Sally のエッセイ [21] にヒントを得ています.

索　引

ア　行

あいまいさ関数　173
Abel 群　43

位相　54
位相空間　54
位相群　58
位相同型　55
一様収束　25
岩沢分解　77, 137

Wigner 変換　173
ウェーブレット変換　39, 176
Wallis の公式　20
運動群　124

Hermite 関数　153

Euler 角　113
Euler の公式　9

カ　行

開集合　55
Gauss の超幾何級数　91, 141
可換群　44
核　44
各点収束　24
重ね合わせの原理　19
Gabor 変換　172
可約　50, 68
絡み作用素　69

Cartan 分解　112, 118, 132, 137
Cantor-Lebesgue の定理　29
Γ 関数　9, 161

Gibbs 現象　26
既約　50, 68
逆変換公式　36
逆変換公式(位相群)　104
逆変換公式(Mellin 変換)　161
逆変換公式(有限 Abel 群)　47
逆変換公式(有限群)　53
共役類　51
行列要素　87
極限離散表現　86
極座標　113
局所コンパクト　57
局所コンパクト群　58
局所 Euclid 群　58
局所連結　57
許容ベクトル　167
近傍　55
近傍系　55

Clebsch-Gordan の公式　121
群　43
群環　52

形式的次元　89
Cayley 変換　84
結合積　93
弦振動の問題　10
弦の振動方程式　11

恒等表現　72
コンパクト　57
コンパクト群　59
コンパクト様式　78

サ　行

再生核　168
最大関数　32
最大作用素　33
三角級数　28
次元　49
自然な内積　73
実変数による手法　42
指標　37
指標（無限次元表現）　101
指標（有限 Abel 群）　45
指標（有限群）　52
指標（有限次元表現）　92
自明な表現　72
Schur の補題　69
主系列表現　76
巡回表現　68
巡回ベクトル　68
準同型写像　44
商位相　56
剰余群　44
信号解析　39

Stone-von Neumann の定理　152

正規部分群　44
斉次多項式　74, 113, 169
正則表現　73
正則要素　102
積分核表示　126

像　44
相対位相　56
双対定理（有限 Abel 群）　46

タ　行

超関数　100
重複度　95
直積位相空間　57
直積群　45
直和　50, 68, 71
直交関係（コンパクト群）　88
直交関係（強い2乗可積分表現）　88
直交関係（2乗可積分表現）　167
直交関係（有限 Abel 群）　46
直交関係（有限群）　52

Dini-Lipschitz の定理　26
Dirichlet-Jordan の定理　23
テンソル積　71

同型写像　44
同値　50
同値関係　50
トレースクラス　97

ナ　行

2乗可積分表現　88, 166

熱伝導の問題　14
熱伝導方程式　19

ハ　行

Heisenberg 群　150
Hausdorff の公理　58
Hausdorff-Young の定理　33
Bargmann 変換　152
Parseval の等式　30, 31
Hardy 空間　35, 86, 173
Hardy-Littlewood の定理　33
Haar 測度　60
反傾表現　70
半直積群　45

非コンパクト様式　78
被覆　57

索　引

表現　67
表現(有限群)　49
表現空間　67
Hilbert-Schmidt 作用素　97
Hilbert の第 5 問題　58

Fock 空間　152
不確定性原理　39
複素変数による手法　35
複素 Lie 群　59
部分位相空間　56
部分群　44
部分表現　67
不変積分　61
不変測度　60
不変超関数　100
不変部分空間　67

Plancherel 測度　104
Plancherel の公式　37
Plancherel の公式(位相群)　104
Plancherel の公式(有限 Abel 群)　47
Fourier-Wigner 変換　173
Fourier 級数　23
Fourier 級数の部分和　25
Fourier 係数　23
Fourier の積分定理　36
Fourier 変換　36
Fourier 変換(作用素値)　96
Fourier 変換(スカラー値)　98
Fourier 変換(有限 Abel 群)　47
Fourier 変換(有限群)　53
Bruhat 分解　78

閉集合　55
Peter-Weyl の定理　94
Bessel 関数　102, 126
Bessel の不等式　31
Bergman 核　171
Bergman 空間　84, 142
Bergman 変換　152

補間法　34
補系列表現　131, 138

マ 行

窓 Fourier 変換　41

Mellin 変換　161

モジュラー関数　65

ヤ 行

Jacobi 多項式　89, 91, 118

有界線形作用素　66
有界変動　24
有限 Abel 群　45
有限群　49
誘導位相　56
誘導表現　77, 81
誘導様式　78
ユニタリー双対(位相群)　71
ユニタリー双対(有限 Abel 群)　46
ユニタリー双対(有限群)　50
ユニタリー同値　69
ユニタリー表現(位相群)　68
ユニタリー表現(有限群)　49
ユニモジュラー　65

ラ 行

Laguerre 多項式　154
Laplace 方程式　10

Lie 群　58, 59
離散系列　84
離散表現　84
Riesz-Fischer の定理　32
Lie 代数　59
Riemann 積分　27
Riemann-Lebesgue の定理　28, 36
Riemann 和　27

類関数　52

Legendre 多項式 118, 119

連結 57
連結成分 57
連続 55

ワ 行

Weyl の積分公式 122, 123, 145

記 号

$ax+b$ 156
$B(2,F)$ 62
C 61

$C^{\times}$ 62
D_4 53
H_1 150, 171
$M(2)$ 63, 74, 81, 101, 124
R 61, 105
$R^{\times}$ 61
R^n 110
$SL(2,C)$ 85, 102, 105, 129
$SL(2,F)$ 63, 75, 77, 102
$SL(2,R)$ 84, 103, 106, 137
$SU(1,1)$ 84, 90, 170
$SU(2)$ 74, 89, 112, 169
T 105, 108
Z_3 47

編集者との対話

E: シリーズ＜すうがくの風景＞は，「微積分」と「線形代数」を取得した人を読者層として想定しています．元気な高校生にもチャレンジして欲しいと思っていますが，その場合「表現」とか「作用素」は難しすぎるのでは？

A: 「微積分」と「線形代数」を取得した人ってどんな人かな？ 多分，公式が使えて計算問題が解ける人とか，ちょっとした抽象的な言葉が使える人を言うのだと思う．でも，それがどう役立って最先端の研究や応用と関わっているかとなるとなかなか答えられない．そう言った意味で，先の研究や応用につながる良い例を知ることは大切だと思います．「表現」とか「作用素」も同じで，言葉よりは例からイメージを掴めば高校生でも大丈夫だと思います．例をいっぱい載せたのでチャレンジできますよ．

E: 数学の歴史に触れられていますが，その意図とソースは？

A: 私は数学史の専門家ではないので，ソースはすべて又聞きです．インターネットにもたくさんの数学史のホームページがあり，国による贔屓もチラッと見えたりして，結構楽しめます．

大事なのは意図ですが，ずばり現在の数学教育は何だか変だぞ？と思って欲しいこと（これはちょっと無理かな）．少なくとも「ε-δ 法」でギブアップするのは損です．また"解きたい問題"にチャレンジすることが数学を発展させ，楽しみとなることを分かって欲しいと思います．

"解きたい問題"って演習問題ではなくて，もっと大きなものですよ．"宇宙って何だ？"とか"生命は何だ？"とかそういうもの．今の（数学）教育では，そんな事へのチャレンジ精神が沸かないですよ．

E: 数学教育の話が出ましたが，最近"学力低下"が話題になりました．数学の本でも"よくわかる…"といったシリーズがたくさんありますが．

A: "よくわかる…"は良く分かるところが良く分かるのであって，最初の一歩としてはいいと思いますが，やはりチャレンジ精神は沸かないのでは．私はテニスが好

きですが，上達の秘訣は自分よりちょっと強い人とプレーすることです．負けることで "こん畜生！" と思う．そう言った意味では "よくわからない…" シリーズの方がいいかも．このシリーズは良く分かるところから始めて，ちゃんと難しいところも書けるからいい．

"学力低下" は深刻な問題ですね．でも原因はハッキリしていると思います．今の教育は分からないことを悪いことのように扱ってしまい，みんなで分かりましょうとしたからおかしくなったのだと思います．まさに "よくわかる …" シリーズの発想で，これでは "学力低下" は当然の帰結です．ではどうすればいいのか？ 是非，新しいシリーズを考えましょうよ（笑）．

ごめんなさい．話を戻していい？ 数学史を書いた理由の一つにフーリエ解析の再興（？）があります．理工学部では絶対に教わる理論ですが，数学科の最近の傾向として，なんとなく隅に置かれているのでは．「調和解析」としてリニューアルされたので，みなさん勉強しましょうとのアピールです．

E: それは数学科の学生へのアピール？

A: もっと広く数学好きの人へのアピールです．「代数」，「解析」，「幾何」と言ったときちょっと解析の元気が無いような気がして…（私見ですよ）．本文にも書いたけど「調和解析」と言っても随分と幅があるのですが，是非，多くの人に興味をもってもらいたいと思います．

E: 読者層の話だけど，この＜すうがくの風景＞はできるだけ幅広い層を期待しているのですが，「群上の調和解析」は新幹線に乗りながら読める？

A: え？ 紙も鉛筆もなしに？ それは読み方によりけりですよ．数学史のところはちょうどいいでしょうね．でも例の計算を自分でするとなると机が必要ですよね．計算を飛ばせば何でも読めちゃう．

読者層の話だけど，あえて "数学好きの人" なら誰でもと言う事にします．文系・理系の人とか言うのはナンセンスですから．ここにも教育の問題点があって，現状ではやたらと早くあなたは … コースといった具合に特化してしまう．確かに集中して勉強はできるけれども何だか変ですよ．たとえば三角関数は理系の話だから，文系の人は学ばない．波とか振動を知ることなのに拒絶してしまう．逆も然りでしょう．

そう言った意味では，「微積分」と「線形代数」ぐらいまでは誰でも知っていて欲しいですね．でも最初に戻って今の教科書ではだめですね．朝倉さん，何とかしましょうよ（笑）．

著者略歴

河添　健（かわぞえ　たけし）

1954 年　東京都に生まれる
1982 年　慶應義塾大学大学院工学研究科
　　　　博士課程修了（数理工学専攻）
現　在　慶應義塾大学総合政策学部
　　　　教授・理学博士

すうがくの風景 1
群上の調和解析

定価はカバーに表示

2000 年 4 月 20 日　初版第 1 刷
2020 年 1 月 25 日　　　第13刷

著　者　河　添　　　健
発行者　朝　倉　誠　造
発行所　株式会社　朝　倉　書　店

東京都新宿区新小川町6-29
郵便番号　１６２-８７０７
電　話　03 (3260) 0141
ＦＡＸ　03 (3260) 0180
http://www.asakura.co.jp

〈検印省略〉

© 2000〈無断複写・転載を禁ず〉

三美印刷・渡辺製本

ISBN 978-4-254-11551-2　C 3341

Printed in Japan

JCOPY ＜出版者著作権管理機構　委託出版物＞
本書の無断複写は著作権法上での例外を除き禁じられています．複写される場合は，
そのつど事前に，出版者著作権管理機構（電話 03-5244-5088, FAX 03-5244-5089,
e-mail: info@jcopy.or.jp）の許諾を得てください．

好評の事典・辞典・ハンドブック

数学オリンピック事典	野口 廣 監修	A5判 864頁
コンピュータ代数ハンドブック	山本 慎ほか 訳	A5判 1040頁
和算の事典	山司勝則ほか 編	A5判 544頁
朝倉 数学ハンドブック［基礎編］	飯高 茂ほか 編	A5判 816頁
数学定数事典	一松 信 監訳	A5判 608頁
素数全書	和田秀男 監訳	A5判 640頁
数論＜未解決問題＞の事典	金光 滋 訳	A5判 448頁
数理統計学ハンドブック	豊田秀樹 監訳	A5判 784頁
統計データ科学事典	杉山高一ほか 編	B5判 788頁
統計分布ハンドブック（増補版）	蓑谷千凰彦 著	A5判 864頁
複雑系の事典	複雑系の事典編集委員会 編	A5判 448頁
医学統計学ハンドブック	宮原英夫ほか 編	A5判 720頁
応用数理計画ハンドブック	久保幹雄ほか 編	A5判 1376頁
医学統計学の事典	丹後俊郎ほか 編	A5判 472頁
現代物理数学ハンドブック	新井朝雄 著	A5判 736頁
図説ウェーブレット変換ハンドブック	新 誠一ほか 監訳	A5判 408頁
生産管理の事典	圓川隆夫ほか 編	B5判 752頁
サプライ・チェイン最適化ハンドブック	久保幹雄 著	B5判 520頁
計量経済学ハンドブック	蓑谷千凰彦ほか 編	A5判 1048頁
金融工学事典	木島正明ほか 編	A5判 1028頁
応用計量経済学ハンドブック	蓑谷千凰彦ほか 編	A5判 672頁

価格・概要等は小社ホームページをご覧ください．